原 康夫・近桂一郎・丸山瑛一・松下 貢 編集

裳華房フィジックスライブラリー

力 学（I）

東京農工大学名誉教授
理学博士
高 木 隆 司 著

裳 華 房

MECHANICS (I)

by

Ryuji TAKAKI, DR. SC.

SHOKABO

TOKYO

編 集 趣 旨

「裳華房フィジックスライブラリー」の刊行に当り，その編集趣旨を説明します．

最近の科学技術の進歩とそれにともなう社会の変化は著しいものがあります．このように新しい知識が急増し，また新しい状況に対応することが必要な時代に求められるのは，個々の細かい知識よりは，知識を実地に応用して問題を発見し解決する能力と，生涯にわたって新しい知識を自分のものとする能力です．このためには，基礎になる，しかも精選された知識，抽象的に物事を考える能力，合わせて数理的な推論の能力が必要です．このときに重要になるのが物理学の学習です．物理学は科学技術の基礎にあって，力，エネルギー，電場，磁場，エントロピーなどの概念を生み出し，日常体験する現象を定性的に，さらには定量的に理解する体系を築いてきました．

たとえば，ヨーヨーの糸の端を持って落下させるとゆっくり落ちて行きます．その理由がわかると，それを糸口にしていろいろなことを理解でき，物理の面白さがわかるようになってきます．

しかし，物理はむずかしいので敬遠したくなる人が多いのも事実です．物理がむずかしいと思われる理由にはいくつかあります．そのひとつは数学です．数学では $48 \div 6 = 8$ ですが，物理の速さの計算では $48\,\mathrm{m} \div 6\,\mathrm{s} = 8\,\mathrm{m/s}$ となります．実用になる数学を身につけるには，物理の学習の中で数学を学ぶのが有効な方法なのです．この"メートル"を"秒"で割るという一見不可能なようなことの理解が，実は，数理的推論能力養成の第1歩なのです．

一見，むずかしそうなハードルを越す体験を重ねて理解を深めていくところに物理学の学習の有用さがあり，大学の理工系学部の基礎科目として物理

が最も重要である理由があると思います．

　受験勉強では暗記が有効なように思われ，必ずしもそれを否定できません．ただ暗記したことは忘れやすいことも事実です．大学の勉強でも，解く前に問題の答を見ると，それで多くの事柄がわかったような気持になるかもしれません．しかし，それでは，考えたり理解を深めたりする機会を失います．20世紀を代表する物理学者の1人であるファインマン博士は，「問題を解いて行き詰まった場合には，答をチラッと見て，ヒントを得たらまた自分で考える」という方法を薦めています．皆さんも参考にしてみてください．

　将来の科学技術を支えるであろう学生諸君が，日常体験する自然現象や科学技術の基礎に物理があることを理解し，物理的な考え方の有効性と物理の面白さを体験して興味を深め，さらに物理を応用する能力を養成することを目指して企画したのが本シリーズであります．

　裳華房ではこれまでも，その時代の要求を満たす物理学の教科書・参考書を刊行してきましたが，物理学を深く理解し，平易に興味深く表現する力量を具えた執筆者の方々の協力を得て，ここに新たに，現代にふさわしい基礎的参考書のシリーズを学生諸君に贈ります．

　本シリーズは以下の点を特徴としています．

- 基礎的事項を精選した構成
- ポイントとなる事項の核心をついた解説
- ビジュアルで豊富な図
- 豊富な［例題］，［演習問題］とくわしい［解答］
- 主題にマッチした興味深い話題の"コラム"

　このような特徴を具えたこのシリーズが，理工系学部で最も大切な物理の学習に役立ち，学生諸君のよき友となることを確信いたします．

編 集 委 員 会

はしがき

　力学とは，力を受けている物体がどのように運動するかということを調べるための学問である．物理学の参考書のシリーズでは力学が最初の巻にくる場合が多い．その理由の第1は，物理学がニュートンの運動法則，すなわち力学のエッセンスから始まったといっても過言ではないことである．第2に，物体の運動は私たちの身近で常に観察されるものであり，因果関係も含めて直感的に把握しやすいことである．したがって，力学を深く理解するには，遊びやスポーツ，その他の日常生活をとおして，人体やものの動きをしっかりと観察することが必要である．

　物体を1つの点と見なしてその動きを記述するとき，その物体を質点とよぶ．「力学（I）」では1個の質点の運動を扱うことにする．質点の集まり（質点系）や大きさのある物体（剛体）の運動は「力学（II）」で扱う．

　本書を読み始めてすぐ気がつくことは，数学がいたるところに出てくるということであろう．一体これは物理学なのか数学なのかと疑問に思う読者が多いことと推察される．しかしながら，物理学と数学とは本来親戚同士なのである．ニュートンが物理学の集大成として著したのが「自然哲学の数学的諸原理」(Principia mathematica philosophiae naturalis, 略称 "プリンキピア") であった．すなわち，自然現象を数学を用いて語るものが物理学なのである．一方，微分や積分という数学の手法は，図形の研究ということ以外に，運動の法則を記述する必要性から生まれたのである．

　数学は慣れれば便利な道具である．本書では，数学的な操作はなるべくていねいに説明するし，それほど高度な数学は使わない．高等学校時代の数学と大きく異なるのは微分方程式の解法くらいであろう．これについては，本文中の具体例に関連して解き方をマスターしていくとよい．なお，主な数学

公式，ベクトル，微分方程式の解法について，付録A〜Cにまとめておいた．必要に応じて参考にして欲しい．

　物理学では数学を用いるから，まず数学をマスターしておく必要があると思い込んでしまう読者が多いのではないか．これも一理ある．しかしながら，逆のことも言える．物理学で出てくる具体的な例に慣れておくと，数学の内容が理解しやすいのである．どちらを先に学ぶべきかということは一概に言えない．読者もあまり気にせずに先に進もう．

　本書では，本文中の内容を復習し，理解したかどうかを確認するために[例題]をいくつか挿入した．これらの[例題]はまず答を見ないで解いてみよう．各章の最後に載せた演習問題もできるだけチャレンジしよう．ところどころ，「難解であれば飛ばしてもよい」というただし書きとともに，小さな字で説明してある個所がある．時間のない読者は，この部分は飛ばしてもよい．

　各章に，1, 2個のコーヒーブレイクを挿入してある．ここでは，本書の守備範囲にとらわれずに，いろいろな話題を載せた．これは，力学とは楽しいものなんだということを実感して欲しいからである．

　では，健闘を祈る．

2001年3月

高 木 隆 司

目 次

1. 空間と運動

§1.1 座標系の導入 ・・・・・・・1
§1.2 ベクトルの導入 ・・・・・・4
§1.3 速度の表し方 ・・・・・・・6
§1.4 加速度の表し方 ・・・・・12
§1.5 いろいろな運動 ・・・・・16
演習問題 ・・・・・・・・・・・22

2. 運動を支配する法則

§2.1 ニュートンの運動法則 ・・25
§2.2 次元と単位系 ・・・・・・29
§2.3 落下運動 ・・・・・・・・31
§2.4 運動量と力積 ・・・・・・37
§2.5 力とは何か ・・・・・・・40
演習問題 ・・・・・・・・・・・47

3. 摩擦力をともなう運動

§3.1 静止摩擦力と力のつり合い 50
§3.2 動摩擦をともなう運動 ・・52
§3.3 粘性抵抗をともなう落下運動
・・・・・・・・・・・57
演習問題 ・・・・・・・・・・・63

4. 振動運動

§4.1 単振動 ・・・・・・・・・65
§4.2 減衰振動 ・・・・・・・・76
§4.3 強制振動 ・・・・・・・・81
§4.4 その他の振動運動 ・・・・87
演習問題 ・・・・・・・・・・・90

5. 仕事とエネルギー

§5.1 仕事とは何か ······92
§5.2 位置エネルギー ·····98
§5.3 エネルギー保存則 ····104
§5.4 位置エネルギーと力の関係 110
演習問題 ··········116

6. 回転運動と角運動量

§6.1 中心力による回転運動 ··118
§6.2 力のモーメントとベクトル積
　　　··········124
§6.3 角運動量と運動方程式 ··128
§6.4 惑星の運動 ·······131
演習問題 ··········137

7. 相対運動と回転座標系

§7.1 一定速度で動く座標系 ··140
§7.2 加速する座標系 ·····147
§7.3 回転する座標系 ·····151
演習問題 ··········157

付　録

A．数学公式 ········159
　A.1 三角関数 ·······159
　A.2 指数関数と対数関数 ··159
　A.3 微分積分，偏微分 ···160
　A.4 テイラー展開 ·····160
　A.5 複素変数の指数関数 ··161
B．ベクトル ········161
　B.1 単位ベクトル ·····161
　B.2 内積（スカラー積）··161
　B.3 外積（ベクトル積）··162
　B.4 三重積 ········162
C．微分方程式 ·······163
　C.1 簡単な微分方程式 ··163
　C.2 線形微分方程式に関する定理
　　　··········164
　C.3 定数係数の線形微分方程式
　　　の解法 ·······164

演習問題解答 ････････････････････ 165
索　引 ･･･････････････････････ 188

コ ラ ム

時間の測り方 ････････････ 4
スピードガンのしくみ ･･････ 16
力の起源 ･･････････････ 29
鉛直下向きの意味 ･･････････ 36
ころがり摩擦のしくみ ･･････ 53
スキーがよくすべる理由 ････ 56
静振 ･･････････････････ 75
自動車のサスペンション ････ 86
エネルギー保存則の確立 ････ 104
エネルギー保存則の危機 ････ 115
ハンマー投げのしくみ ･･････ 131
水星の近日点移動 ･･････････ 136
宇宙ステーション内の微重力 ･ 151
低気圧の周りの風向き ･･････ 156

「力学(II)」 主要目次

8. 2個の質点の運動
9. 多数の質点の運動
10. 剛体のつり合い
11. 剛体の回転運動
12. 回転と移動を含む運動

1 空間と運動

　物体の運動とは，物体が時間とともに空間中の位置を変えることである．われわれは，空間や時間とは何かということは，日常の経験からすでに知っている．したがって，物体の運動を記述するためには，位置と時間を測定し記述する方法が確立していればよい．本章では，物体の位置や時間という概念は既知のものとし，位置を記述する方法として座標系を導入することから始める．さらに，座標系がベクトルとよばれる量と結びついていることを述べ，速度や加速度の概念へと進むことにする．

　運動の記述法は物体の力学的な挙動を調べるための基礎である．したがって，本章では運動の記述法に慣れるためになるべく多くの例を見ていくことにする．

§1.1　座標系の導入

質点の概念

　すべての物体には大きさがある．したがって，物体の位置といっても，物体内のどの点の位置を指すのかあいまいである．そこで，物体の重心の位置を物体の位置と定めることにする．物体の運動を重心という一点の運動で代表させると，話が簡単になるからである．

　しかし，物体を大きさのない点と見なすと，質量もゼロになるので，運動を考える際には都合が悪い．そこで，重心に物体の全質量が集中しているような仮想的な物体を考える．このように，元の物体と同じ質量をもつ点状の

物体を**質点**とよぶ．本書で扱うのは質点に関する力学である．

直線上の質点の運動

直線上を動く質点の位置を記述する方法を考えよう．図1.1のように質点の位置を記号Pで表す．点Pの位置はその直線にそって定義され

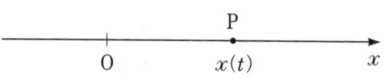

図1.1 直線上の点の記述

た座標 x で表される．物体が時間とともに移動する場合，時間を t と表すと x が t とともに変化するので，位置は関数 $x(t)$ で表される．この関数を求めることが直線上の運動を求めるということである．ただし，いちいち変数 (t) を書くと煩雑になるので，特に必要な場合以外は変数を省略することにする．

3次元空間での運動

3次元空間内を運動する質点を記述する方法について考えよう．図1.2(a)のような3つの座標軸をもつ直線座標系を導入する．質点の位置Pは座標 (x, y, z) で表される．この座標系は，17世紀フランスの哲学者・数学者であるルネ・デカルトの名をとって**デカルト座標系**ともよばれる（デカルトがこの座標系を考案したという話は疑わしい）．点Pと座標 (x, y, z) は，図

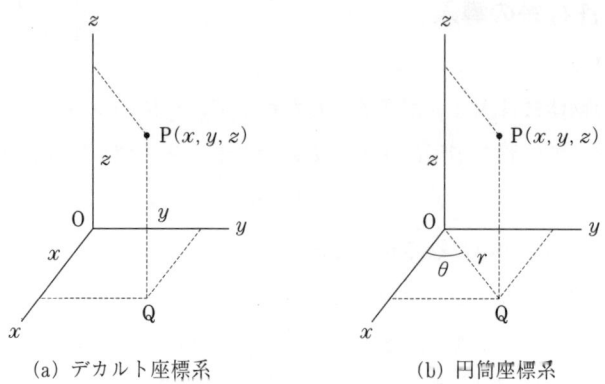

(a) デカルト座標系　　(b) 円筒座標系

図1.2 質点の位置を記述する座標系

(a) のように点 P から x 軸，y 軸，z 軸へ射影し，原点からそれらの射影までの距離で定義する．

質点が空間内で運動するとき，これらの座標は時間とともに変化するので，

$$P(x(t),\ y(t),\ z(t)) \tag{1.1}$$

と表すことができる．これらの関数 $x(t)$，$y(t)$，$z(t)$ を求めることが，質点の運動を求めることである．すでに述べたように，変数 (t) の表示はしばしば省略する．

2次元空間での運動については3番目の座標を除外して考えればよい．この場合は xy 面内の運動とよぶことにする．

質点の位置は，図1.2(b)のように，座標 (r, θ, z) で表すこともできる．これは**円筒座標系**とよばれる．デカルト座標系と円筒座標系を比べると，第3の座標 z は共通であり，座標 (x, y) と座標 (r, θ) とは次式で関係づけられる．

$$x = r\cos\theta, \qquad y = r\sin\theta \tag{1.2}$$

$$r = \sqrt{x^2 + y^2}, \qquad \tan\theta = \frac{y}{x} \tag{1.3}$$

ここで注意すべきことは，x，y が同時に符号を変えて $-x$，$-y$ としたとき，質点の位置が z 軸の反対側にくるので θ は $\pi (= 180°)$ だけ増えるが，y/x の値は変らないことである．したがって，(1.3)で決まる角度には，x と y の符号を見て π を加えるかどうか判断しなければならない．

[**例題 1.1**] $(x, y, z) = (2, 2, 1)$，および $(-\sqrt{3}, -1, 1)$ に対する円筒座標 (r, θ, z) を求めよ．

[**解**] x，y の値を(1.3)に代入することにより，r，θ を求めればよい．z の値はそのままにする．$(x, y, z) = (2, 2, 1)$ のとき，$r = \sqrt{2^2 + 2^2} = 2\sqrt{2}$．$\tan\theta$

$= 2/2 = 1$ から $\theta = \pi/4$ または $5\pi/4$. この点は第1象限にあるので $\theta = \pi/4$. したがって,

$$(r, \theta, z) = (2\sqrt{2}, \pi/4, 1)$$

$(x, y, z) = (-\sqrt{3}, -1, 1)$ の場合も同様にして

$$(r, \theta, z) = (2, 7\pi/6, 1)$$

時間の測り方

　時間を測定する装置である時計は,正確にくり返しの変化をする現象を利用したものである.くり返しの回数がすなわち**時間**である.振り子時計は振り子の振れの回数を測っているし,水晶時計では水晶の小片が変形しながら振動する回数を測っている.

　ガリレイは,大聖堂のシャンデリアが振れるときの周期が一定であることを自分の脈拍をもとに確認したといわれている.しかし,よく考えてみるとこの話はおかしい.振り子の周期は正確に一定であるが,脈拍の周期は変化しやすいからである.変化しやすいものを基準にして正確なものを測定することには無理がある.ガリレイのこの話が本当だとしたら,大発見のときも彼の脈拍は変化しなかったわけだから,これは彼が冷静な人間であったことを証明すると解釈すべきであろう.

　一方,ガリレイが「斜面を転がる玉の移動距離は経過時間の2乗に比例する」という法則を発見したとき,彼は水時計を使った.狭い隙間からしたたるしずくの周期はかなり正確に一定である.だから,これは時計として使用できたのである.

§1.2　ベクトルの導入

位置ベクトル

　ベクトルとは大きさと向きをもつ量である.それに対して,経過時間のように大きさだけをもつ量を**スカラー**という.質点の位置は,図1.3に示すように,座標系の原点Oから質点の位置Pにいたるベクトル **r** によっても表すことができる.**r** は**位置ベクトル**とよばれる.質点が時間とともに移動す

るとベクトル r も時間とともに変化する．この事情は，$r(t)$ のように変数 t を付加して表す．

前節で導入した座標 $(x(t),\ y(t),\ z(t))$ はベクトル $r(t)$ の成分である．この関係を，

$$r(t) = (x(t),\ y(t),\ z(t)) \tag{1.4}$$

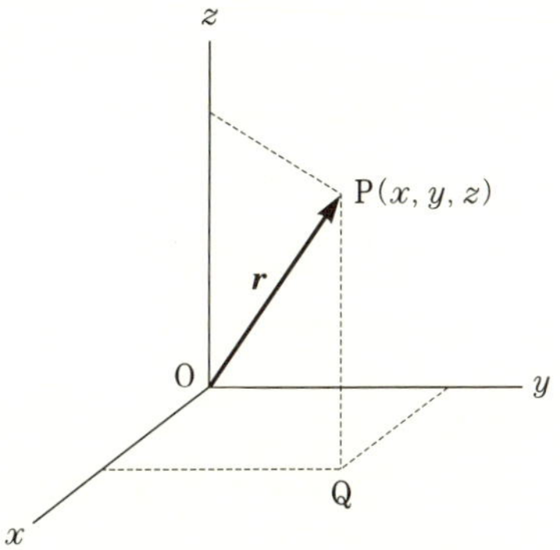

と表現することにする．ベクトルが時間の関数であるということは，その大

図1.3 質点の位置を記述するベクトル

きさや向きが時間とともに変ると考えてもよいし，その成分が時間の関数であると考えてもよい．2次元空間での質点の位置は，z 成分を除いた2成分のベクトルで表される．

ベクトルの性質

ここで，ベクトルに関する基本的な性質を述べておこう．2つのベクトル $a,\ b$ を，(1.4) にならって次の形に表現したとしよう．

$$\left.\begin{array}{l} a = (a_x,\ a_y,\ a_z) \\ b = (b_x,\ b_y,\ b_z) \end{array}\right\} \tag{1.5}$$

$a,\ b$ の和や差は，次のように成分の和や差で表される．

$$a \pm b = (a_x \pm b_x,\ a_y \pm b_y,\ a_z \pm b_z) \tag{1.6}$$

ベクトル a とスカラー k との積では，次のように各成分が k 倍される．

$$ka = (ka_x,\ ka_y,\ ka_z) \tag{1.7}$$

ベクトル a の大きさ $|a|$ は，各成分の2乗の和の平方根で定義される．

$$\begin{aligned} |a| &= \sqrt{a \cdot a} \\ &= \sqrt{a_x^2 + a_y^2 + a_z^2} \end{aligned} \tag{1.8}$$

たとえば，位置ベクトルの大きさ r は次式で与えられる．

$$r = |\boldsymbol{r}| = \sqrt{x^2 + y^2 + z^2} \tag{1.9}$$

2つのベクトル $\boldsymbol{a}$, $\boldsymbol{b}$ について，**内積（スカラー積）**は次のように定義される．図1.4に示すように，これらのベクトルの間の角度を θ とする．$\boldsymbol{a}$, $\boldsymbol{b}$ の内積を，それらの間に点を入れて表すことにすると，その定義は

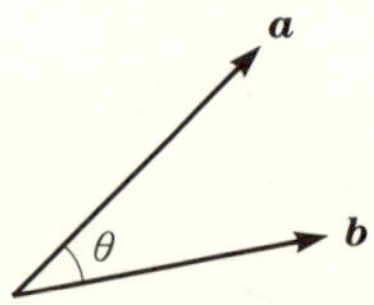

$$\left. \begin{array}{l} \boldsymbol{a} \cdot \boldsymbol{b} = |\boldsymbol{a}| \cdot |\boldsymbol{b}| \cos \theta \\ \boldsymbol{b} \cdot \boldsymbol{a} = \boldsymbol{a} \cdot \boldsymbol{b} \end{array} \right\} \tag{1.10}$$

図1.4 内積の定義

である．

内積は，次のようにベクトルの成分を用いても表すことができる．

$$\boldsymbol{a} \cdot \boldsymbol{b} = a_x b_x + a_y b_y + a_z b_z \tag{1.11}$$

[**例題1.2**] 次の2つのベクトルについて，和，差，内積と，それぞれの大きさを計算せよ．

$$\boldsymbol{a} = (1, 2, 0), \quad \boldsymbol{b} = (0, 1, 3)$$

[**解**] 和と差は(1.6)を応用する．内積には(1.11)，大きさには(1.8)を応用する．

$$\boldsymbol{a} + \boldsymbol{b} = (1, 3, 3), \quad \boldsymbol{a} - \boldsymbol{b} = (1, 1, -3), \quad \boldsymbol{a} \cdot \boldsymbol{b} = 2$$
$$|\boldsymbol{a}| = \sqrt{5}, \quad |\boldsymbol{b}| = \sqrt{10}$$

§1.3 速度の表し方

直線運動の速度

速度とは，質点が移動した距離をその間の時間で割ったものである．まず，一直線上の運動について速度を定義しよう．短い時間 Δt だけ離れた2つの時刻 t, $t + \Delta t$ で，質点の位置が座標 $x(t)$, $x(t + \Delta t)$ であったとしよう．この時間間隔で移動した距離は $\Delta r = x(t + \Delta t) - x(t)$ である．この距離を Δx で表すことにする．すると，質点の**速度** $v(t)$ は，

$$v(t) = \frac{\Delta x}{\Delta t} = \frac{x(t+\Delta t) - x(t)}{\Delta t} \tag{1.12}$$

で与えられる．

ここで，いくつか注意しておく必要がある．(1.12) は，時刻 t での速度ではなく，時刻 t, $t + \Delta t$ の間の平均的な速度である．もし，Δt を十分に小さくしたら (1.12) は時刻 t での速度になる．したがって，時刻 t での速度 $v(t)$ は，厳密には次式で定義されるはずである．

$$v = \lim_{\Delta t \to 0} \frac{\Delta x}{\Delta t} = \lim_{\Delta t \to 0} \frac{x(t+\Delta t) - x(t)}{\Delta t} \tag{1.13}$$

(1.13) の右辺は，数学で学んだ**微分** dx/dt と全く同じ形をもっている．すなわち，速度とは，位置座標 x を時間 t で微分したものである．

ところで，ほとんどの場合，短い Δt の間に速度が急に変化することはないので，t から $t + \Delta t$ までの平均速度と時刻 t での速度はほとんど等しい．したがって，lim という記号をつけなくても実際上はかまわないのである．今後は，lim を省略し，時刻 t における速度の定義として，

$$v = \frac{dx}{dt} = \frac{\Delta x}{\Delta t} \tag{1.14}$$

と書くことにする．

そうすると，dx や dt を Δx や Δt と区別する必要がない．ちなみに，d は差を意味する difference のイニシアルから来た記号であり，Δ は d に対応するギリシャ文字である．今後は d の方だけを用いることにする．

ここで，微分とは dx と dt の比，すなわち，分数であるということを注意しておこう．たとえば dt とは，小さいが有限の値をもつ時間間隔であり，同時に微分における分母でもある．微分が分数に過ぎないということは，今後しばしば利用するのでしっかりと心得ておく必要がある．たとえば，(1.14) の両辺に dt を掛けると次の式が得られる．

$$dx = v\, dt \quad (\text{移動距離} = \text{速度} \times \text{経過時間}) \tag{1.15}$$

1. 空間と運動

例として,直線上の運動で,座標が $x = \frac{1}{6}kt^3$ で与えられる場合を考え,(1.14),(1,15) を応用してみよう.速度 v,および時間 dt の間の移動距離は,

$$v = \frac{dx}{dt} = \frac{1}{2}kt^2 \tag{1.16}$$

$$dx = \frac{1}{2}kt^2 dt \tag{1.17}$$

となる.なお,乗り心地のよい自動車の発進では,速度が (1.16) のように増加すると言われている.

3次元的運動の速度

1次元運動について導入した速度の定義は3次元空間での運動にそのまま拡張される.2つの時刻 t, $t + dt$ における質点の位置を,位置ベクトル $\boldsymbol{r}(t)$, $\boldsymbol{r}(t + dt)$ で表す.図1.5 に示すように,位置ベクトルの差 $d\boldsymbol{r} = \boldsymbol{r}(t + dt) - \boldsymbol{r}(t)$ は質点の移動を表す.ここでは $d\boldsymbol{r}$ を**移動ベクトル**とよぶことにする.

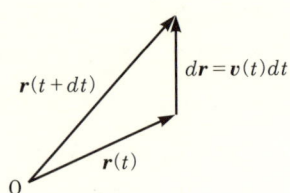

図1.5 3次元運動における速度の定義

これを時間差 dt で割ったものを速度ベクトル $\boldsymbol{v}$ と定義する.すなわち,

$$\boldsymbol{v}(t) = \frac{\boldsymbol{r}(t + dt) - \boldsymbol{r}(t)}{dt} = \frac{d\boldsymbol{r}}{dt} \tag{1.18}$$

$d\boldsymbol{r}$ はベクトルであり,dt はスカラーであるから,これらの比である $\boldsymbol{v}$ はやはりベクトルである.

(1.18) の右辺にあるベクトル $\boldsymbol{r}$ の微分は概念的にわかりにくいかもしれない.しかし,すでに述べたように,$\boldsymbol{r}$ の微分とはベクトル $d\boldsymbol{r}$ をスカラー dt で割った分数であると理解すればよいのである.さらに,(1.18) の両辺に dt を掛けると,$d\boldsymbol{r}$ と $\boldsymbol{v}$ の間の関係式も出てくる.

§1.3 速度の表し方　9

$$d\bm{r} = \bm{v}\,dt \quad \text{(移動ベクトル＝速度ベクトル×経過時間)}$$

(1.19)

これらの関係式はベクトルの成分を用いても表すことができる．$\bm{r}$ の成分は $(x,\ y,\ z)$ であるので，$d\bm{r}$ はそれらの差を成分とするベクトル $(dx,\ dy,\ dz)$ である．速度ベクトル $\bm{v}$ の成分を $(v_x,\ v_y,\ v_z)$ と表すと，(1.18) の各成分は次のように書ける．

$$\left.\begin{aligned} v_x &= \frac{x(t+dt)-x(t)}{dt} = \frac{dx}{dt} \\ v_y &= \frac{y(t+dt)-y(t)}{dt} = \frac{dy}{dt} \\ v_z &= \frac{z(t+dt)-z(t)}{dt} = \frac{dz}{dt} \end{aligned}\right\} \quad (1.20)$$

すなわち，速度ベクトルの各成分は位置座標を時間で微分したものである．さらに (1.20) の両辺に dt を掛けると，各座標の増加量に関する次式を得る．

$$dx = v_x\,dt, \qquad dy = v_y\,dt, \qquad dz = v_z\,dt \quad (1.21)$$

また，次式で与えられる速度ベクトルの大きさは**速さ**ともよばれる．

$$|\bm{v}| = \sqrt{v_x{}^2 + v_y{}^2 + v_z{}^2} \quad (1.22)$$

一般に，ベクトル量の関係式はベクトル記号でも表示できるし，成分でも表示できる．どちらか便利な方，あるいは理解しやすい方を使用すればよいのである．

[**例題 1.3**] $x(t)=t$, $y(t)=t^2/2$, $z(t)=0$ のとき，速度ベクトルを求めよ．

[**解**] $x(t)$, $y(t)$, $z(t)$ を t で微分すれば，速度ベクトルの各成分を得る．

$$v_x = \frac{d}{dt}t = 1, \qquad v_y = \frac{d}{dt}\frac{t^2}{2} = t, \qquad v_z = \frac{d}{dt}0 = 0$$

以上から

$$\bm{v} = (1,\ t,\ 0)$$

10　1. 空間と運動

速度から位置座標を求める

質点の速度が時間の関数 $v(t)$ として与えられたとき，質点の位置を求める方法を考えよう．まず，直線上の運動を扱おう．

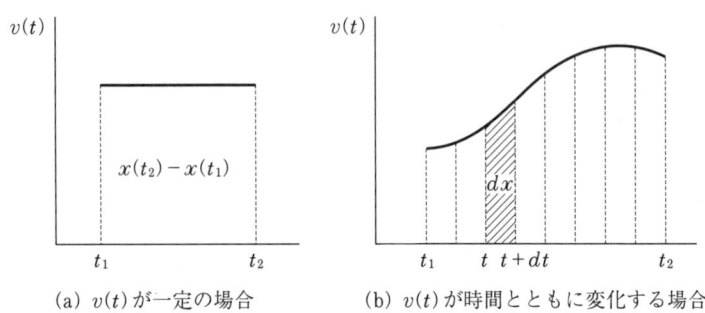

(a) $v(t)$ が一定の場合　　(b) $v(t)$ が時間とともに変化する場合

図 1.6　積分によって移動距離を求める．

短い時間 dt の間の移動距離 dx を加算していくと，長い時間にわたる移動距離になる．図 1.6 は，時刻 t_1 から t_2 までの $v(t)$ のグラフである．この間の移動距離を求めてみよう．速度が一定の場合，移動距離は速度と時間間隔 $t_2 - t_1$ の積であり，それは図 (a) で $v(t)$ のグラフと横軸の間の面積に等しい．図 (b) のように速度が変化する場合は，t_1 から t_2 までを小さな時間間隔 dt で分割し，それぞれの移動距離を求めて合計すればよい．(1.15) から，dt の間の移動距離 dx は $v(t)dt$ である（図中の斜線部分）．それらの和をとることにより，t_1 から t_2 までの移動距離は次式で与えられる．

$$x(t_2) - x(t_1) = \sum dx = \sum v(t)\,dt$$

この場合も，図 (b) で $v(t)$ のグラフと横軸の間の面積に等しい．

横軸をこまかい間隔に分けて面積を求めることを**積分**とよぶ．積分であることを強調するために，上の式で和の記号 $\sum$ を積分記号 $\int$ で置き換えると，移動距離に対する次の式を得る．

$$x(t_2) - x(t_1) = \int dx = \int_{t_1}^{t_2} v(t)\,dt \tag{1.23}$$

ここで，時刻 t_2 を単に t と書き，変数と見なすと，(1.23) は

$$x(t) - x(t_1) = \int dx = \int_{t_1}^{t} v(t) dt \tag{1.24}$$

となり，任意の時刻 t での位置を与える式となる．すなわち，$v(t)$ の不定積分が位置座標 $x(t)$ を与える．結局，位置と速度とは微分と積分によって相互に導かれるのである．

たとえば，(1.16) に示した例では，時刻 0 から t までの移動距離は，

$$\begin{aligned}x(t) - x(0) &= \int_0^t v(t) dt \\ &= \int_0^t \frac{1}{2} kt^2 \, dt = \frac{1}{6} kt^3\end{aligned} \tag{1.25}$$

である．

ここで，和の記号 Σ と積分記号 $\int$ とは同じ起源をもつことを注意しておこう．和を表す英語 sum の頭文字 s を上下に引き伸ばしたものが積分記号であり，Σ（シグマ）は s に対応するギリシャ文字である．積分記号では積分変数の上限と下限を書き加えることができる．

力学ではいろいろな種類の積分が現れる．積分の意味がわからないときは，それは単なる和であると解釈すればほとんどの場合解決する．

[**例題 1.4**] 直線上の運動で $v(t) = \cos t$ のとき，位置座標を求めよ．初期の時刻 t_1 は 0 とする．

[**解**] (1.24) の $v(t)$ に $\cos t$ を代入し，$t_1 = 0$ とする．

$$x(t) - x(0) = \int_0^t \cos t \, dt = \sin t$$

これから，

$$x(t) = \sin t + x(0)$$

直線上の運動について求めた位置と速度の関係は 3 次元空間での運動にもそのまま当てはまる．(1.24) に対応する関係式についてベクトル形と成分

1. 空間と運動

による表示の両方を示す．

ベクトル形：

$$\bm{r}(t) - \bm{r}(t_1) = \int d\bm{r} = \int_{t_1}^{t} \bm{v}(t) dt \tag{1.26}$$

成分表示：

$$\left.\begin{array}{l} x(t) - x(t_1) = \int dx = \int_{t_1}^{t} v_x(t) dt \\ y(t) - y(t_1) = \int dy = \int_{t_1}^{t} v_y(t) dt \\ z(t) - z(t_1) = \int dz = \int_{t_1}^{t} v_z(t) dt \end{array}\right\} \tag{1.27}$$

(1.26) はベクトルの積分という新しい数学的な内容を含む．しかし，これも，多数の微小なベクトル $\bm{v}(t)dt$ をベクトル的に合成したものである．あるいは，(1.27) のようにベクトルの成分の積分と考えてもよい．

§1.4 加速度の表し方

直線運動の加速度

私たちは，自動車やジェットコースターに乗ったときなどに加速度を実感する．したがって，加速度に対する直感的な理解はすでにもっている．一方，それを数量的に表現するには，やはり座標系やベクトルを用いねばならない．まず，直線上の運動から見ていこう．

短い時間 dt の間に，質点の速度が $v(t)$ から $v(t+dt)$ に変化したとする．そのとき**加速度**は，単位時間当りの速度変化，すなわち，速度の変化量を dt で割った次式によって定義される．すなわち，加速度を a で表すと，

$$a = \frac{v(t+dt) - v(t)}{dt} = \frac{dv}{dt} \tag{1.28}$$

である．速度の定義式 (1.14) と同じように，dv や dt は小さいけれど有限

§1.4 加速度の表し方　13

の大きさをもつ量であり，この式の右辺は速度を時間で微分したものである．

　a が正の場合は加速，負の場合は減速，0 の場合は等速運動である．なお，直線上で負の向きに進みながら速さを増していくとき a は負の値になるが，これを減速とよぶのは抵抗があるかもしれない．このような場合は「負の方向への加速」とよんでもよい．

　(1.28) の両辺に dt を掛けると，速度変化と加速度についての次の関係式を得る．

$$dv = a\, dt \tag{1.29}$$

(1.16) に示した例では，速度が $kt^2/2$ のとき加速度 a および速度変化 dv は

$$a = \frac{dv}{dt} = kt, \qquad dv = kt\, dt \tag{1.30}$$

となる．

　3 次元空間での運動については，加速度ベクトルを $\boldsymbol{a}$ とし，(1.28)，(1.29) をベクトル形に，あるいはそれを成分表示した形に拡張すればよい．以下に，それらを列挙する．

　ベクトル形：

$$\boxed{\boldsymbol{a} = \frac{\boldsymbol{v}(t+dt) - \boldsymbol{v}(t)}{dt} = \frac{d\boldsymbol{v}}{dt}} \tag{1.31}$$

$$\boxed{d\boldsymbol{v} = \boldsymbol{a}\, dt} \tag{1.32}$$

　成分表示：

$$\left. \begin{aligned} a_x &= \frac{v_x(t+dt) - v_x(t)}{dt} = \frac{dv_x}{dt} \\ a_y &= \frac{v_y(t+dt) - v_y(t)}{dt} = \frac{dv_y}{dt} \\ a_z &= \frac{v_z(t+dt) - v_z(t)}{dt} = \frac{dv_z}{dt} \end{aligned} \right\} \tag{1.33}$$

$$dv_x = a_x\, dt, \qquad dv_y = a_y\, dt, \qquad dv_z = a_z\, dt \qquad (1.34)$$

加速度から速度を求める

まず，直線上の運動で，加速度 $a(t)$ が与えられたとき，速度 $v(t)$ を求める方法を (1.29) を用いて考えよう．図 1.7(a) のように a が一定の場合は速度が一定の割合で増加するので，速度変化は経過時間に比例する（a が比例係数）．したがって，t_2 から t_1 までの速度変化 $v(t_2) - v(t_1)$ は $a(t_2 - t_1)$ であり，図 (a) でグラフと横軸の間の面積が速度変化を与える．

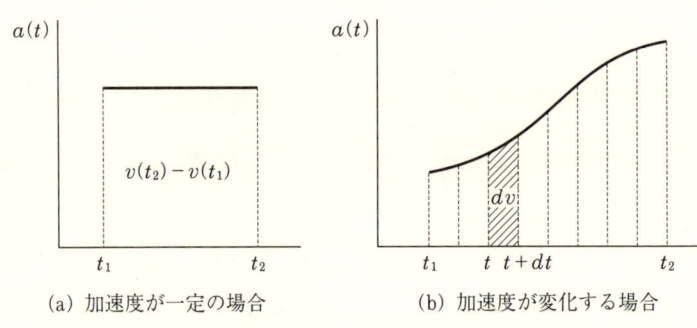

(a) 加速度が一定の場合　　(b) 加速度が変化する場合

図 1.7 積分によって速度を求める．

図 (b) のように a が変化する場合は，t_2 から t_1 までの間を小さな dt の間隔に分け，それぞれの区間で生じる速度変化 dv を (1.29) を用いて書き換え，それらを合計すればよい．すなわち，

$$v(t_2) - v(t_1) = \sum dv = \sum a\, dt$$

前節で説明したように，$\sum$ は積分記号に置き換えてよいので，

$$v(t_2) - v(t_1) = \int_{t_1}^{t_2} a(t)\, dt \qquad (1.35)$$

を得る．すなわち，加速度を積分すれば速度の変化量になるのである．もちろん，t_2 を変数とみなして t に置き換えてよい．

たとえば，(1.30) の例では，$v(0) = 0$ であることに注意すると，

$$v(t) - v(0) = v(t) = \int_0^t a(t)dt = \frac{kt^2}{2} \tag{1.36}$$

3次元空間での運動についても，(1.35)をベクトル形に拡張することにより，速度ベクトルの変化を次の式で求めることができる．

$$\boldsymbol{v}(t) - \boldsymbol{v}(t_1) = \int_{t_1}^t \boldsymbol{a}(t)dt \tag{1.37}$$

もちろん，成分による表現も可能である．読者もそろそろ数式に慣れてきたであろうから，(1.37) の成分表示は例題として残しておこう．

[**例題 1.5**] 加速度の成分 (a_x, a_y, a_z) を積分して，速度成分 (v_x, v_y, v_z) を求める式を書け．

[**解**] 直線上の運動に対する式(1.35)に添字をつければよい．すなわち

$$v_x(t) - v_x(t_1) = \int_{t_1}^t a_x(t)\,dt$$

$$v_y(t) - v_y(t_1) = \int_{t_1}^t a_y(t)\,dt$$

$$v_z(t) - v_z(t_1) = \int_{t_1}^t a_z(t)\,dt$$

いままで多数の数式を導入したので，混乱を避けるためにこれらを要約する図式を与えておこう．

$$\boxed{\text{位置座標}} \underset{\text{積分}}{\overset{\text{微分}}{\rightleftarrows}} \boxed{\text{速度}} \underset{\text{積分}}{\overset{\text{微分}}{\rightleftarrows}} \boxed{\text{加速度}}$$

この図式から，位置座標を 1 回微分すれば速度になり，2 回微分すれば加速度になることがわかる．特に後者は次のように表せる．

$$a = \frac{dv}{dt} = \frac{d}{dt}\left(\frac{dx}{dt}\right) = \frac{d^2x}{dt^2} \tag{1.38}$$

逆に，加速度を 1 回積分すれば速度，2 回積分すれば位置座標になる．

スピードガンのしくみ

野球の放送で，投球の速さが瞬時に表示されることがある．これは，スピードガンあるいはレーダーガンとよばれる装置で測定されている．捕手側からマイクロ波（波長が$1\,\mathrm{m} \sim 0.01\,\mathrm{m}$くらいの電波）を球に向けて照射したとき，球で反射してもどってくるマイクロ波の振動数はドップラー効果によって増加する．その増加量が球の速度に比例しているので，それを測定することにより速度がわかるのである．

ところで，球が回転していると，球の表面のどの点で反射するかによって速度の測定値が異なるはずである．しかし，マイクロ波は球の表面のあちこちで反射してもどってくる．したがって，測定される速度は表面上の速度の平均値，すなわち球の中心の速度になるのである．

§1.5 いろいろな運動

この節では，前節までに導入した一般公式を具体的な例に応用してみよう．最初に位置座標を時間の関数として与え，速度や加速度を計算してみることにする．

落下運動

地球上で落下する質点について，位置座標が次式で表されるとしよう．

$$x = Ut, \qquad y = 0, \qquad z = h + Wt - \frac{gt^2}{2} \tag{1.39}$$

ただし，U, h, W, gは定数とする．これは，x方向に等速度で進みながら鉛直方向には下向きの加速度をもって落下する運動である．質点は常にxz面内にある．位置座標を微分することにより，速度と加速度の成分は次のようになる．

$$v_x = \frac{dx}{dt} = U, \qquad v_y = \frac{dy}{dt} = 0, \qquad v_z = \frac{dz}{dt} = W - gt$$

$$\tag{1.40}$$

$$a_x = \frac{dv_x}{dt} = 0, \qquad a_y = \frac{dv_y}{dt} = 0, \qquad a_z = \frac{dv_z}{dt} = -g \qquad (1.41)$$

すなわち，(1.39) で与えられる運動は，加速度が一定の運動（**等加速度運動**）である．これらの結果をベクトル形で表示する場合は，

$$\boldsymbol{v} = (U,\ 0,\ W - gt), \qquad \boldsymbol{a} = (0,\ 0,\ -g) \qquad (1.42)$$

と書けばよい．

この運動について，xz 面内における位置座標，および速度成分が変化する様子を，それぞれ図 1.8(a)，(b) に示す．(a) のように，座標の成分から時間 t を消去して座標の間の関係として運動を表したものを**軌道**とよぶ．一方，(b) のように速度の成分から t を消去して成分同士の関係として運動を表したものを**ホドグラフ**とよぶ．いずれも，グラフ上の点は時間の経過とともに移動する．

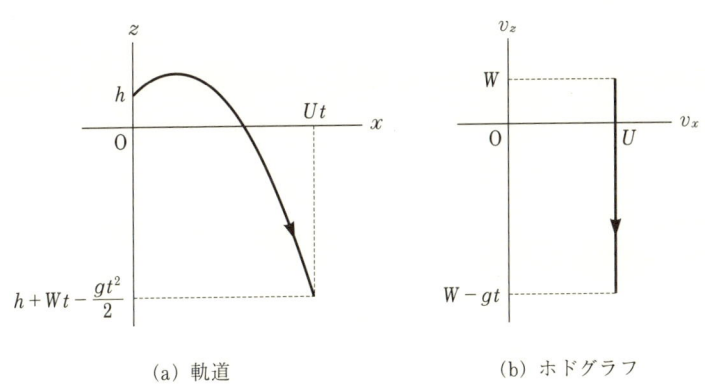

(a) 軌道 (b) ホドグラフ

図 1.8 落下運動の図示

束縛運動

3 次元空間を自由に運動するのでなく，ある直線上（あるいは曲線上）や斜面にそって運動するように束縛されている場合を**束縛運動**とよぶ．簡単な例として，xz 面内で水平方向から角度 θ だけ傾いた直線上に束縛された質

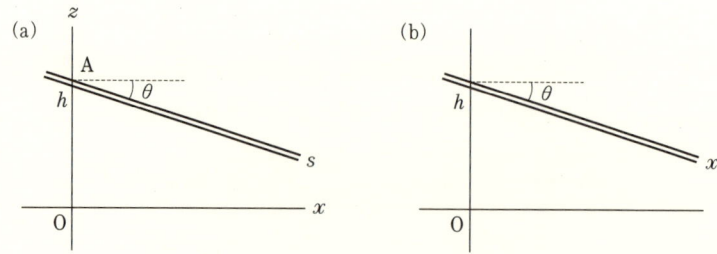

図 1.9 直線に束縛されている質点の運動の記述法

点の運動を考えよう．

図 1.9(a) のように，点 A から直線に沿って測った長さを s とする．すると，x, z 座標は，

$$x = s\cos\theta, \quad z = h - s\sin\theta \tag{1.43}$$

と表される．s を時間の関数 $s(t)$ として求めれば $x(t)$, $z(t)$ が決まるので，この運動は本質的には 1 次元運動である．s は**媒介変数**とよばれる．

これと同じ運動を，図 (b) のように直線に沿って測った長さを x と定義して表すこともできる．この場合は，x を時間の関数 $x(t)$ として求めれば運動が決まることになる．

質点が直線に束縛されている場合は，(b) のように位置座標を定義する方が簡単で便利である．一方，質点が曲線に束縛されている場合は，直交座標 (x, y, z) と何らかの媒介変数を導入する方が簡単な場合が多い．

例として，図 (a) で，s が $s = (1/2)g\sin\theta\, t^2$ で与えられる場合を考えよう．これは，重力の大きさが $g\sin\theta$ であるような落下運動である．このとき，x や z はそれぞれ $s\cos\theta$, $h - s\sin\theta$ で与えられる．これらを t で微分することによって速度や加速度が求められる．

この運動を図 (b) に示した変数 x によって表すときは，単に次のように書くだけでよい．

$$x = \frac{1}{2} g \sin\theta\, t^2 \tag{1.44}$$

(1.44) を t で微分すると，直線に沿った速度や加速度を得る．

図1.10のように，水平面から θ だけ傾いた平面上に束縛された質点の運動を記述する方法を考えよう．斜面の最大傾斜の方向は y 軸に垂直であり，最大傾斜の方向に媒介変数 s をとる．

たとえば，y, s が次の式で与えられるとしよう．

$$y = Ut, \qquad s = \frac{1}{2} g \sin\theta\, t^2 \tag{1.45}$$

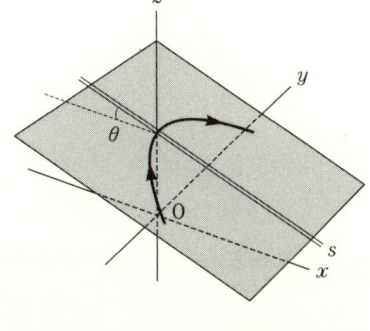

図1.10 傾いた斜面に束縛された運動

(1.45) から位置座標 (x, y, z) を求めることは次の例題として残しておこう．なお，軌道の略図は図中に示してある．

[**例題1.6**] (1.45) から位置座標 (x, y, z) を求めよ．

[**解**] y はそのまま採用する．x, z は (1.45) の s を (1.43) に代入することにより求めることができる．

$$x = \frac{1}{2} g \sin\theta \cos\theta\, t^2, \qquad y = Ut, \qquad z = h - \frac{1}{2} g \sin^2\theta\, t^2$$

振動運動

直線上で質点が次の式で表される振動をしているとしよう．

$$x = C \sin(\omega t + \alpha) \tag{1.46}$$

ここで，C, ω, α は定数である．C は振幅とよばれ，x の値は $-C$ から C の間で変動する．ω は**角速度**あるいは**角振動数**とよばれ，三角関数の変数である角度（**位相**ともよばれる）が増加する速さを表す．

ある運動状態から出発して元の運動状態にもどるまでの時間は，**周期**あるいは**振動周期**とよばれる．周期を T で表す．周期の逆数 f は，単位時間当り振動する回数であり，**振動数**とよばれる．ω，周期，振動数の間には次の関係がある．

$$T = \frac{2\pi}{\omega} = \frac{1}{f} \qquad (1.47)$$

a は**初期位相**とよばれ，時刻 $t = 0$ での位相の値である．

(1.46) を微分することにより，速度，および加速度が次のように表される．三角関数の微分に関する公式は付録 A を参照されたい．

$$v = C\omega \cos(\omega t + a), \qquad a = -C\omega^2 \sin(\omega t + a) \qquad (1.48)$$

振動運動における位置，速度，加速度の変動を，時間を横軸にとって図 1.11 に示す．加速度は常に位置座標の符号を逆にしたものであることに注意されたい．

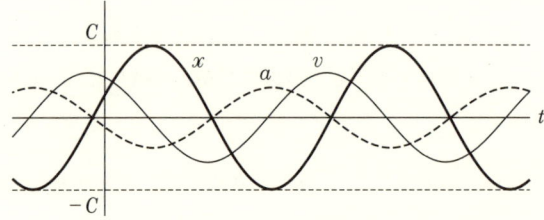

図 1.11　振動運動における位置 x，速度 v，加速度 a

(1.46) は，三角関数の加法定理（付録 A 参照）を用いると次のように変形される．

$$x = C\cos a \sin \omega t + C \sin a \cos \omega t = A \sin \omega t + B \cos \omega t \qquad (1.49)$$

ただし，$A = C\cos a$，$B = C \sin a$ である．すなわち，初期位相を含む振動は，$\sin \omega t$ と $\cos \omega t$ の重ね合せと見なせるのである．

円運動

xy 面内で,位置座標が次のように与えられているとしよう.

$$x = R\cos(\omega t + \alpha), \qquad y = R\sin(\omega t + \alpha) \qquad (1.50)$$

このとき三角関数の公式(付録 A 参照)を用いると,$x^2 + y^2 = R^2$ が成り立つ.したがって,質点は原点を中心とする半径 R の円の上を動く.さらに,原点の周りの角度は単位時間当り ω(ラジアン)ずつ増える.この ω も**角速度**とよばれる.ここでは ω は定数とする.

(1.50) を t で微分することによって速度および加速度は次のようになる.

$$v_x = -R\omega\sin(\omega t + \alpha), \qquad v_y = R\omega\cos(\omega t + \alpha) \qquad (1.51)$$

$$a_x = -R\omega^2\cos(\omega t + \alpha), \qquad a_y = -R\omega^2\sin(\omega t + \alpha) \qquad (1.52)$$

(1.51) から速さ $v = \sqrt{v_x^2 + v_y^2}$ を求めると,$v = R\omega$ であることがわかる.

位置座標,速度,加速度が変動する様子を図 1.12 に示す.速度ベクトル $\boldsymbol{v}$ は位置ベクトル $\boldsymbol{r}$ や加速度ベクトル $\boldsymbol{a}$ に直交している.これは速度ベクトルが常に円の接線方向を向いていることを意味する.また,加速度ベクトルは位置ベクトルと逆向きになっている.

(1.50) と (1.52) を比べると,(x, y) に $-\omega^2$ を掛けたものが (a_x, a_y) になっていることがわかる.すなわち,

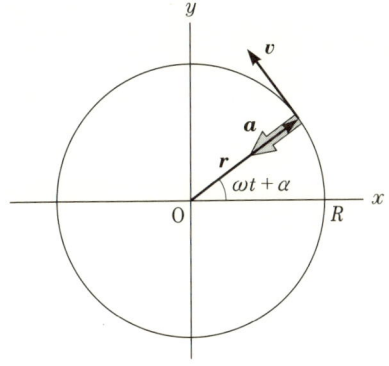

図 1.12 円運動における位置ベクトル $\boldsymbol{r}$,速度ベクトル $\boldsymbol{v}$,および加速度ベクトル $\boldsymbol{a}$(向心加速度)

1. 空間と運動

$$a = -\omega^2 r$$
$$a_x = -\omega^2 x, \qquad a_y = -\omega^2 y \tag{1.53}$$

角速度 ω が一定の円運動では，加速度は常に原点を向いているので，**向心加速度**とよばれる．

(1.51)，(1.52) の x 成分だけを見ると，それらは (1.46)，(1.48) と同じであることがわかる．ただし，半径 R は振幅 A に対応している．すなわち，振動運動は円運動を一つの方向に射影したものである．

[**例題 1.7**] 半径 0.5 m の円周上を周期 2 秒で等速で回っている質点がある．その加速度の大きさを求めよ．

[**解**] $T = 2$ を (1.47) に代入すると，$\omega = \pi$ となる．(1.53) の第 1 式で両辺の大きさを比べると，加速度の大きさは，

$$a = \omega^2 R = 0.5\,\pi^2$$

演習問題

[1] xy 面内で座標が次の関数で与えられるとする．t を消去することによって軌道を求め，その略図を描け．

(1) $x = 2t + 3, \quad y = -t + 2$

(2) $x = 2\cos(2\pi t), \quad y = \sin(2\pi t)$

(3) $x = t, \quad y = \sin(\pi t)$

[2] xy 面内で，円筒座標 r，θ が次の関数で与えられるとする．座標系にその軌道の略図を描け．ただし，k や ω は定数である．

(1) $r = kt, \quad \theta = \pi/4$

(2) $r = 2, \quad \theta = \omega t$

(3) $r = kt, \quad \theta = \omega t$

[3] 座標 (x, y, z) が次の関数で与えられるとする．その軌道を斜めから見たときの略図を描け．ただし，R, U, W, ω は定数である．

(1) $x = R\cos\omega t$, $y = R\sin\omega t$, $z = Wt$

(2) $x = Ut$, $y = Ut$, $z = Wt - gt^2$

(3) $x = 0$, $y = R\sin\omega t$, $z = Wt$

[4] 次のベクトル $\boldsymbol{a}, \boldsymbol{b}$ について（間の角度を θ とする），和，内積，および $\cos\theta$ を計算せよ．

(1) $\boldsymbol{a} = (0, 0, 1)$, $\boldsymbol{b} = (1, 1, 2)$

(2) $\boldsymbol{a} = (1, 0, -2)$, $\boldsymbol{b} = (0.5, 1, 0)$

[5] 問題 [1] で与えられる位置座標について，

(1) 速度ベクトルと加速度ベクトルの成分を求めよ．

(2) ホドグラフを描け．

[6] 直線上の運動で速度が $v = Ue^{-kt}$ で与えられるとする．U, k は定数である．

(1) 質点の加速度を求めよ．

(2) $t = 0$ で $x = 0$ にあった質点の位置座標 $x(t)$ を求めよ．なお，指数関数 e^{-kx} に関する微分や積分は，付録 A を参照されたい．

[7] 質点が，図 1.10 に示した斜面の上で，斜面と z 軸との交点を中心とし，半径 R，角速度 ω の円運動をしている．

(1) $s(t)$, $y(t)$ を求め，それから $x(t)$, $y(t)$, $z(t)$ を求めよ．

(2) 加速度ベクトルの x, y, z 成分を求めよ．

[8] 直線上の運動で，加速度が $-a\cos\omega t$ で与えられるとする．速度，および位置を求めよ．ただし，$t = 0$ での速度は v_0，位置は x_0 とする．

[9] 図のように，一定の角速度 ω で回転する半径 R の円板の周上につながれた，長さ L の棒がある．棒の他端 A は，円板の中心を通る直線上を動くようになっている．棒の傾きを ϕ とする．円板の中心を原点とし，A の位置

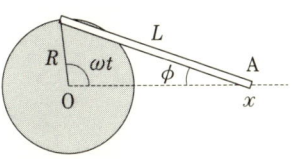

24　1. 空間と運動

座標を $x(t)$ とする．

(1) $\sin\phi$ を ωt, R, L で表せ．

(2) $x(t)$ を ωt, R, L で表せ．

[10] 地球は太陽の周りを円運動し，月は地球の周りを円運動していると仮定する．それぞれの軌道半径は約 1.5×10^8 km，3.8×10^5 km であり，周期は約 365 日，27.3 日である．

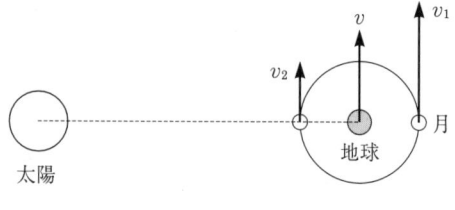

(1) 地球の速度 v(km/日)，月が太陽から最も遠いとき，および最も近いときの月の速度 v_1, v_2(km/日) を有効数字 2 桁で求めよ．

(2) 月の軌道の略図を描け（軌道の曲がり具合に注意せよ）．

2 運動を支配する法則

　物体の運動はどのような法則に支配されているのだろうか．この問題は古代ギリシャの時代から議論されている．アリストテレスは，「物体の速度は，それにはたらく力に比例する」という運動法則を唱えた．近代の力学の発達史は，この法則に対する反抗といってもよい．16～17世紀にかけて，イタリアのガリレイ，オランダのホイヘンス，フランスのデカルト，イギリスのフックらによって，物体の運動に関するいろいろな法則が提案された．最終的に，イギリスのS.I.ニュートンによって，1687年の著書『自然哲学の数学的諸原理』のなかで3つの運動法則に集大成された．そのために運動法則はニュートンの運動法則ともよばれる．

　本章ではまずニュートンの運動法則を述べる．その際，物体の質量や力という概念は経験によって得られた既知のものであることを前提としている．その後で質量や力とは一体何かという問題を考えてみる．もっとも，それらの本質が何かという問題は現代でも未解決である．ここでは運動法則の解釈にとどめることにする．

　運動法則の応用として，最も簡単な落下問題について微分方程式を解く手続きを学ぶ．さらに，運動量，力積という概念にも触れていく．

　どの章でも言えることであるが，力学の内容を述べるとき数学を多く使う．これは，ニュートンの上記の著書名からむしろ当然のことである．しかし，ここではできるだけ丁寧に数学的操作を述べていく予定である．

§2.1　ニュートンの運動法則

運動法則の記述

　ニュートンの運動法則は，すべての物体に**質量**とよばれる固有の量が存在することを前提として，次のように表現される．

1. すべての物体は，外から力が加えられない限り，その静止状態あるいは直線的な等速運動を続ける．(**運動の第1法則**あるいは**慣性の法則**とよばれる)

2. 物体に外から力が加えられると，物体の運動状態は変化し，加速度が生じる．そのとき，加速度は加えられた力と同じ向きである．加速度の大きさは力に比例し，物体の質量に反比例する．(**運動の第2法則**とよばれる)

3. 2つの物体に互いに力がはたらくとき，それぞれの力は常に逆向きであり，大きさが等しい．(**運動の第3法則**あるいは**作用反作用の法則**とよばれる)

運動法則の数学的表現

これらの運動法則を数式を用いて表現してみよう．物体の質量を m とする．力とは，物体の運動状態を変える作用であり，大きさと向きをもつベクトルである．力をベクトル $\boldsymbol{F}$ で表し，その成分を次のように書く．

$$\boldsymbol{F} = (F_x, \ F_y, \ F_z) \tag{2.1}$$

速度ベクトルと加速度ベクトルは，前章と同じく，次のように表しておく．

$$\boldsymbol{v} = (v_x, \ v_y, \ v_z), \qquad \boldsymbol{a} = (a_x, \ a_y, \ a_z)$$

運動の第1法則は，$\boldsymbol{F} = 0$ であれば速度 $\boldsymbol{v}$ は一定，すなわち，加速度 $\boldsymbol{a}$ は 0 であることを述べたものである．

運動の第2法則は，m と $\boldsymbol{a}$ の積が $\boldsymbol{F}$ に等しいことを述べたものであり，次のように表現される(ベクトルによる表示と成分による表示を併記する)．

$$m\boldsymbol{a} = \boldsymbol{F} \tag{2.2}$$

$$ma_x = F_x, \qquad ma_y = F_y, \qquad ma_z = F_z \tag{2.3}$$

ところで，加速度は速度を時間で微分したものである．したがって，(2.2), (2.3) は次のように表すこともできる．

$$m\frac{d\boldsymbol{v}}{dt} = \boldsymbol{F} \tag{2.4}$$

$$m\frac{dv_x}{dt} = F_x, \quad m\frac{dv_y}{dt} = F_y, \quad m\frac{dv_z}{dt} = F_z \tag{2.5}$$

同時に,加速度は位置座標を2回微分したものでもあるので,次式が成り立つ.

$$m\frac{d^2\boldsymbol{r}}{dt^2} = \boldsymbol{F} \tag{2.6}$$

$$m\frac{d^2x}{dt^2} = F_x, \quad m\frac{d^2y}{dt^2} = F_y, \quad m\frac{d^2z}{dt^2} = F_z \tag{2.7}$$

なお,3次元空間ではなく直線上の運動の場合は,(2.3),(2.5),(2.7)の第1式だけを利用し,添字 x を落とせばよい.すなわち,

$$m\frac{dv}{dt} = F, \quad m\frac{d^2x}{dt^2} = F \tag{2.8}$$

(2.4) の両辺に dt,あるいは dt/m を掛けることにより,

$$m\,d\boldsymbol{v} = \boldsymbol{F}\,dt, \quad d\boldsymbol{v} = \frac{\boldsymbol{F}\,dt}{m} \tag{2.9}$$

が得られる.この式は,力と速度変化の関係を図示するのに都合がよい.た

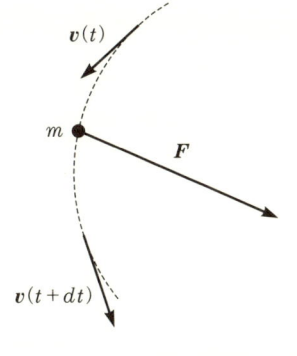

(a) $\boldsymbol{F}$ によって速度変化が生じる.

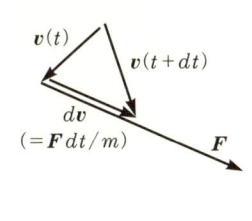

(b) $\boldsymbol{v}(t+dt)$ と $\boldsymbol{v}(t)$ の差である $d\boldsymbol{v}$ が $\boldsymbol{F}$ と同じ向きであり,$\boldsymbol{F}\,dt/m$ に等しい.

図 2.1 速度の変化と力の関係

とえば，図2.1(a) に示すように，時刻 t での速度ベクトル $v(t)$ が，時刻 $t+dt$ で $v(t+dt)$ に変化したとしよう．このとき，図 (b) に示すように，速度ベクトルの差 $dv = v(t+dt) - v(t)$ は F と同じ方向を向いている．大きさも考えると dv は $F\,dt/m$ に等しい．この図から，運動状態を変えるものが力であるということが直感的につかめるであろう．

ここで，第1法則は，第2法則の特別な場合であることを注意しておこう．力がはたらかない場合は (2.2) の右辺がゼロになるので加速度もゼロ ($a = 0$)，すなわち，速度が変化しないことになる．

第3法則は，2つの物体にはたらく力に関するものである．これらの物体を添字1，2で区別する．図2.2に示すように，それぞれの質量を m_1，m_2，それぞれにはたらく力を F_1，F_2 とする．このとき，F_1 と F_2 とは同じ方向で逆向きである．すなわち，

$$F_1 = -F_2 \tag{2.10}$$

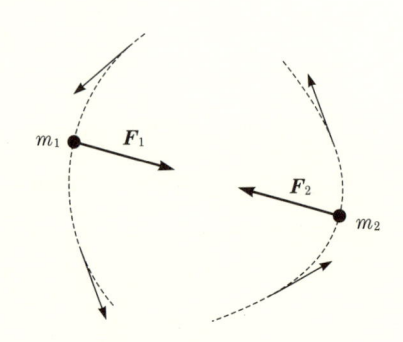

図 2.2 2つの物体にはたらく力の関係．F_1，F_2 の片方を作用とよぶと，他方は反作用とよぶ．

なお，これらの力の片方を**作用**とよぶとき他方は**反作用**とよぶ．どちらを作用とよぶかは，どちらの運動に着目するかによる．重要なことは，力は常に両方が対としてはたらいているということである．問題によっては，作用だけ考えて反作用は無視する場合がある．たとえば，惑星の軌道を求める問題では，惑星にはたらく太陽の引力は考慮するが，その反作用である惑星が太陽におよぼす引力は考慮しない．これは，反作用が存在しないからではなく，考慮しなくても問題が解けるからである．

[**例題 2.1**] 2つの物体の間に力がはたらいていて，それぞれが加速度をもつとする．2つの物体の質量が等しいときは，これらの加速度は同じ大き

さをもつことを示せ．

[解]　それぞれの物体の加速度を a_1, a_2, それらが受ける力を F_1, F_2 とする．両方の質量を m とする．それぞれの質点に運動法則(2.2)が成り立つから $ma_1 = F_1$, $ma_2 = F_2$. 第3法則 (2.10) から $ma_1 = -ma_2$. 両辺を m で割り，ベクトルの大きさを比べると，$|a_1| = |a_2|$ となる．

※※※※※※※※※※※※※※※※※※※※※※※※※※※※※※※※※※

力 の 起 源

　力のはたらきや数学的表現は比較的やさしい問題であるが，個々の力がどんな起源をもっているかという問題は，必ずしもやさしくはない．一般に，世の中のすべての力は次の4つに起因するといわれている．それらを力の強さの順に挙げてみよう．

1. 原子核の中にはたらく核力．たとえば，陽子や中性子同士にはたらく力．
2. 電気力．電荷同士に，あるいは磁場(磁界)と電荷の間にはたらく力．
3. 弱い力．たとえば，原子核のベータ崩壊(電子を放出して別の原子核になる現象)の際にはたらく力．
4. 万有引力．質量をもつ物体同士にはたらく力．

これらに継いで第5の力があるという説もあるが，それは確立していない．第2と第3は同じ起源から来ているという理論があり，多くの研究者に支持されている．

　ばねやゴムなどにはたらく弾性力，あるいは水や空気に現れる圧力は，分子同士にはたらく分子間力の組合せから生まれる．さらに，分子間力は電気力に起因する．筋肉に生じる力も実は電気力から来ている．結局，われわれに身近な力のほとんどは電気力と万有引力であると言うことができる．

※※※※※※※※※※※※※※※※※※※※※※※※※※※※※※※※※※

§2.2　次元と単位系

次　元

　物体の運動を表すためにいままでに導入した量は「長さ」，「時間」，および「質量」の組合せで表すことができる．たとえば，位置座標は「長さ」，速度は「長さ／時間」，加速度は速度変化を時間変化で割ったもので

「長さ/時間/時間」，すなわち「長さ/(時間)²」である．力 F は，(2.4) によって，質量に加速度を掛けたものなので「質量・長さ/(時間)²」になる．

このように，物体の運動に関する量は，すべて「長さ」，「時間」，「質量」という3つの基本的な量の組合せによって表される．これらの3つが互いに異質な量であることは直感的にわかるであろう．このように異質な基本量を区別する属性を**次元**とよんでいる．たとえば，位置座標は「長さの次元」をもつという．いくつかの次元の組合せもやはり次元とよぶ．たとえば，速度は「長さ/時間」という次元をもつ．

物体の運動に関わる次元が3つであることは経験に基づくことである．しかし，その理由はわかっていない．考えてみれば不思議なことである．しかし，未解決の問題なのでこれ以上立ち入らない．

長さ，質量，時間の次元に対して，L, M, T という記号を与えて，いろいろな量の次元をあたかも数式のように表すことができる．そのとき，次元は [位置座標] のようにカッコで表示する．たとえば，

$$[位置座標] = L, \quad [時間] = T, \quad [質量] = M$$
$$[速度] = L/T = LT^{-1}, \quad [加速度] = L/T^2 = LT^{-2}$$
$$[力] = MLT^{-2}$$

これらは，数値同士を比較しているわけではなく，次元という属性が同じであることを述べているのである．

単位系の導入

運動に関する量を数値的に表すためには単位を定めねばならない．普通は，長さにはm（メートル），質量にはkg（キログラム），時間にはs（秒）を使っている．これらの単位に，さらにk（キロ），m（ミリ），M（メガ），μ（マイクロ）などの接頭語をつけて，それぞれの 10^3 倍，10^{-3} 倍，10^6 倍，10^{-6} 倍の単位を作っている．

表 2.1 運動に関する量の次元と単位

名称	次元	単位
速度	L/T	m/s
加速度	L/T^2	m/s²
力	ML/T^2	kg m/s²

単位と次元とは正確に対応している．表 2.1 に示したいくつかの量の次元と単位からそれは容易に理解できるであろう．

m，kg，s を基本とする単位系を **MKS 単位系**とよぶ．これに，電流，温度などの基本的な単位を追加して，あらゆる自然現象を記述できるようにしたものが **SI 単位系（国際単位系）**である（見返しの表参照）．

なお，力の単位 kg m/s² はしばしば N（ニュートン）という簡略化した記号で表す．以後，数字に単位をつけるときはそのまま表記し，文字で表された量に単位をつけるときは単位をカッコ内に入れることにする．

慣習として，力を kg 重という単位で表すことがある．1 kg 重の力とは質量 1 kg の物体が受ける重力の大きさである．なお，重力の大きさは場所によって少しずつ異なるので，1 kg 重 = 9.80665 N と決めている．

[**例題 2.2**] 次の量の次元，および MKS 単位系での単位を求めよ．
（1）振り子の振動における振幅および振動数，（2）物体の密度

[**解**]（1）振幅は位置座標と同じ次元であるから [振幅] = L．振動数は周期の逆数であるから [振動数] = 1/[周期] = T^{-1}．

（2）密度は質量を体積で割ったものであるから [密度] = [質量]/[体積] = M/L^3．

§2.3　落下運動

運動方程式

物体にはたらく力が与えられているとき，前節で導入した運動法則を応用して，速度や位置座標を時間の関数として求めることを**運動を求める**とい

う．運動を求めるときは，運動法則のうち特に第2法則が重要である．これは，(2.4)〜(2.7) からわかるように，方程式の形になっているので**運動方程式**ともよばれる．これらの方程式は求めたい関数である $v(t)$ や $r(t)$ の微分を左辺に含んでいるので**微分方程式**とよばれる．運動を解く手続きは微分方程式を満たすような関数を求めることである．

微分方程式を満たす関数を**解**とよぶ．以下では微分方程式の解法という数学的な内容が多く出てくる．しかし，運動の様子を直感的に予想しながら解の意味を理解することが重要である．

重力のもとでの落下運動

地上の物体は，常に鉛直下向きに一定の大きさの重力を受けている．実は重力の方向を鉛直下向きとよぶのである．その大きさは物体の質量 m に比例する．比例係数を g と書き，**重力加速度**とよんでいる．その値は大体 9.8 m/s² であり，地球上の場所によって少しずつ異なる．

鉛直上方向を z 軸に選ぶと，この力は次のようなベクトルで表される．

$$\boldsymbol{F} = (0,\ 0,\ -mg) \qquad (2.11)$$

このとき運動方程式 (2.5) は

$$m\frac{dv_x}{dt} = 0, \qquad m\frac{dv_y}{dt} = 0, \qquad m\frac{dv_z}{dt} = -mg \qquad (2.12)$$

となる．これらは $v_x(t)$, $v_y(t)$, $v_z(t)$ の微分方程式である．これらを解く手続きを以下に述べよう．右辺が0あるいは定数なので，これらは微分方程式の中でも最も簡単なものである．

(2.12) の第1式の両辺を m で割ると $dv_x/dt = 0$ となる．これは，v_x の時間変化が0になることを示し，v_x は初期の値から変らない．それと同様に v_y も変化しない．初期の時刻 ($t = 0$ とする) でのこれらの値を v_{x0}, v_{y0} とする．これらは**初期値**あるいは**初速度**ともよばれる．これから，

$$v_x = v_{x0}, \qquad v_y = v_{y0} \qquad (2.13)$$

となる．

§2.3 落下運動 33

(2.12) の第3式の両辺を m で割ると，

$$\frac{dv_z}{dt} = -g \tag{2.14}$$

となる．この式の両辺を時刻 0 から t まで積分すると，それぞれ

$$\int_0^t \frac{dv_z}{dt} dt = v_z(t) - v_z(0), \qquad \int_0^t (-g) dt = -gt$$

となる．これらは等しいので，

$$v_z(t) - v_z(0) = -gt$$

である．初期値 $v_z(0)$ を v_{z0} と書くと，次式を得る．

$$v_z(t) = -gt + v_{z0} \tag{2.15}$$

ここで述べた方程式の解法を不定積分の観点から見直してみよう．(2.14) の両辺の不定積分を求めると，

$$v_z + E' = -gt + E''$$

となる．ただし，E', E'' は積分定数である．E' を右辺に移項すると，

$$v_z = -gt + E'' - E'$$

となる．E', E'' はともに未定なので，それらの差 $E' - E''$ も未定である．すると，これをわざわざ2つの定数で表しておく必要はない．差 $E' - E'' = E$ だけ積分定数として残しておけば十分である．すなわち，微分方程式を解くとき，積分定数をつけるのは片方の辺だけでよいのである．

一方，(2.12) の第1，2式の両辺を m で割り，t で積分すると $v_x = C$, $v_y = D$ となる（0 の不定積分は定数である．付録 A 参照）．以上をまとめると，次式を得る．

$$v_x = C, \qquad v_y = D, \qquad v_z = -gt + E \tag{2.16}$$

こうして求めた v_x, v_y, v_z を (2.13), (2.15) と比べると，積分定数 C, D, E はそれぞれの初期値という意味をもつことがわかる．

積分定数である初期値 v_{x0}, v_{y0}, v_{z0} は自由に指定することができる．そ

れらの値を指定するまでは未定のままなので，これらを**未定定数**ともよんでいる．

ここで，微分方程式の解の数学的な性質について述べておこう．(2.12) は，1階微分だけを含んでいるので1階微分方程式とよばれる．一般に，n 階の微分を含む方程式は，**n階微分方程式**とよばれる．n階微分方程式の解では，n個の未定定数（積分定数）を含むものを**一般解**とよぶ．1階微分方程式の解では1個の未定定数を含むようなものが一般解である．一般解とは，初期値をどんな値に指定しても，未定定数を適当に定めれば初期値に対応できるような一般的な性質をもつ解という意味である．

未定定数をもたない場合やそれに特定の値を与えた場合は，一般解ではなく**特解**とよばれる．未定定数が複数あるときは，その中の1つでも特定の値になっていればそれは特解である．

次に，求めた速度成分 (2.13)，(2.15) から位置座標を求めよう．第1章で導入した (1.27) の左辺に (2.13)，(2.15) を代入し，両辺を積分することにより次式を得る．

$$\begin{aligned} x &= v_{x0}t + x_0 \\ y &= v_{y0}t + y_0 \\ z &= -\frac{1}{2}gt^2 + v_{z0}t + z_0 \end{aligned} \quad (2.17)$$

x_0, y_0, z_0 は積分定数（未定定数）であり，同時に位置座標の初期値である．

位置座標に関する微分方程式 (2.6)，(2.7) は2階微分方程式なので，その一般解は2個の未定定数を含むはずである．確かに，(2.17) の解はいずれも速度と位置座標に関する未定定数を2個ずつ含んでいるので，これらは一般解である．

[**例題 2.3**] $t = 0$ に，xz 面内で，水平方向（x 方向）から角度 θ だけ斜

め上方に，初期の速さ v_0 で投射された物体がある．(2.17) を基にして，その後の速度と位置座標の成分を求めよ．

[解] 初期の速度成分は

$$v_{x0} = v_0 \cos \theta, \quad v_{y0} = 0, \quad v_{z0} = v_0 \sin \theta$$

である．これらを (2.13)，(2.15) に代入すると，速度の各成分は

$$v_x = v_0 \cos \theta, \quad v_y = 0, \quad v_z = -gt + v_0 \sin \theta$$

となる．一方，上で求めた初速度を (2.17) に代入すると，

$$x = v_0 \cos \theta\, t + x_0, \quad y = y_0, \quad z = -\frac{gt^2}{2} + v_0 \sin \theta\, t + z_0$$

斜面上に束縛された物体の滑降運動

質量 m の質点が水平方向から θ だけ傾いた斜面上に束縛されており，重力に引かれて最大傾斜の方向へまっすぐ滑降する運動を考えてみよう．重力の大きさは mg，その向きは鉛直下方である．このとき，図 2.3 のように，力を最大傾斜の方向とそれに垂直な方向の成分に分ける．運動に寄与するのは前者であり，その大きさは $mg \sin \theta$ である．

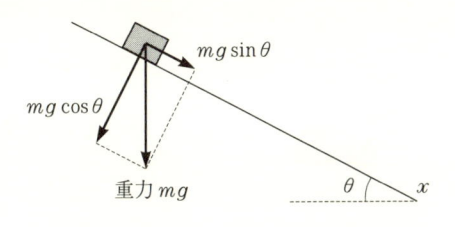

図 2.3 斜面上に束縛された質点の運動

斜面下方に沿って測った質点の位置座標を x，斜面に沿って運動する速度を v で表す．このとき，v が満たす運動方程式は次のようになる．

$$m\frac{dv}{dt} = mg \sin \theta \tag{2.18}$$

(2.18) の解き方は (2.12) の場合と同じである．(2.18) の両辺を m で割り，t で積分すると，

$$v = g \sin \theta\, t + v_0 \tag{2.19}$$

となる．v を dx/dt に置き換えて，再度 t で積分すると次式を得る．

$$x = \frac{1}{2} g \sin\theta\, t^2 + v_0 t + x_0 \tag{2.20}$$

v_0, x_0 は初期の速度と位置座標である.

[**例題 2.4**] 図 2.3 の斜面の傾斜角 θ を 30° とする. その下端 ($x=0$ とする) から, 1 m/s の速さで斜面に沿って上方に打ち出した質点の, その後の運動を求めよ. $g = 9.8\,\mathrm{m/s^2}$ とする.

[**解**] 初速度 $v_0 = -1\,\mathrm{m/s}$, 初期の位置は $x_0 = 0$ である. これら, および $\sin\theta = 0.5$, $g = 9.8\,\mathrm{m/s^2}$ を (2.19) と (2.20) に代入すると, 速度および位置座標は

$$v = 4.9 t - 1, \qquad x = 2.45 t^2 - t$$

となる.

鉛直下向きの意味

地上で物体が受ける力を考えてみよう. 図に示すように, 物体には地球との万有引力と地球自転による遠心力の両方がはたらく. 遠心力は地軸から離れる方を向き, 万有引力は地球の中心を向いている. 物体にはたらく重力はそれらの合力であり, その大きさは万有引力よりわずかに小さい.

北極や南極では, 遠心力がはたらかないので, 物体が受ける力は万有引力だけである.

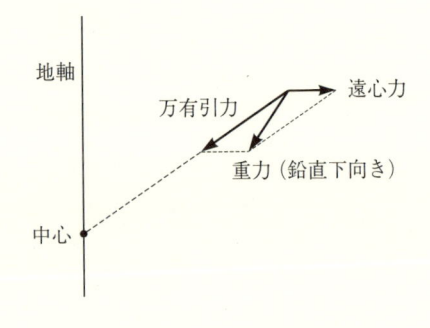

重力加速度 g の実測値をみると, シンガポール (赤道直下) で 9.7807, 東京で 9.7977, 昭和基地 (南極) で 9.8298 である. 確かに赤道上では重力が小さい. なお, 地球の形は地軸方向にわずかにつぶれているので, 赤道上の点は地球の中心から遠い. 重力が小さいことにはこの効果も効いている.

§2.4 運動量と力積

運動量とは何か

質点の運動を求めるには運動方程式 (2.2)〜(2.7) のどれかを使えば十分である.しかしながら,質量 m と速度 v の積で定義される**運動量**とよばれる量を導入すると,物体の運動をより深く理解できることがしばしばある.速度がベクトルなので,運動量もベクトルである.運動量 p の定義をベクトル表示と成分表示によって以下に示そう.

$$p = mv$$
$$p_x = mv_x, \quad p_y = mv_y, \quad p_z = mv_z \tag{2.21}$$

運動量は,運動している物体がもつ勢いという意味をもつ.われわれは飛んできたボールを受け取るとき手に衝撃を感じる.ボールの質量が大きいほど,またボールの速度が大きいほど,この衝撃は強い.この衝撃の強さが運動量である.衝撃に方向があることは運動量がベクトルであることを示す.

運動量の変化を表す方程式は,(2.4) から求めることができる.質量 m が一定だとすると,p を時間で微分したものは,v の時間微分に m を掛けたものである.これが (2.4) によって力 F に等しいことから,(2.4),(2.5) は次のように書き換えることができる.

$$\frac{dp}{dt} = F \tag{2.22}$$

$$\frac{dp_x}{dt} = F_x, \quad \frac{dp_y}{dt} = F_y, \quad \frac{dp_z}{dt} = F_z$$

すなわち,力は運動量を変化させるはたらきである.

(2.22) の両辺に dt を掛けると,

$$dp = F\, dt \tag{2.23}$$

$$dp_x = F_x\, dt, \quad dp_y = F_y\, dt, \quad dp_z = F_z\, dt$$

となる.すなわち,短い時間における運動量の変化は,力に経過時間 dt を

掛けたものである．力と時間の積を**力積**とよんでいる．時刻 t_1 から t_2 までの運動量の変化を計算するには，その間を微小な時間間隔に分け，それぞれにおける運動量の変化を合計すればよい．和を積分に置き換えてよいので，(2.23) を用いて運動量の変化は次のように書き換えられる．

$$\boldsymbol{p}(t_2) - \boldsymbol{p}(t_1) = \sum d\boldsymbol{p} = \sum \boldsymbol{F}\, dt = \int_{t_1}^{t_2} \boldsymbol{F}\, dt \tag{2.24}$$

この式を成分で表すと次のようになる．

$$\left.\begin{aligned} p_x(t_2) - p_x(t_1) &= \int_{t_1}^{t_2} F_x\, dt \\ p_y(t_2) - p_y(t_1) &= \int_{t_1}^{t_2} F_y\, dt \\ p_z(t_2) - p_z(t_1) &= \int_{t_1}^{t_2} F_z\, dt \end{aligned}\right\} \tag{2.25}$$

これらの式は，時刻 t_1 から t_2 までの運動量の変化は力をその間で積分したものであることを示している．この力の積分もやはり力積とよぶ．

(2.24)，(2.25) を，前節で求めた落下運動の解を用いて確認してみよう．初速度が $(v_{x0},\ v_{y0},\ v_{z0})$ のとき，一定の重力を受けて落下する質点の速度成分は，(2.13)，(2.15) から次のようになる．

$$v_x = v_{x0}, \qquad v_y = v_{y0}, \qquad v_z = -gt + v_{z0}$$

$v_x,\ v_y$ は初速度のままで一定であるから，それらに m を掛けた p_x，p_y も一定である．すなわち，時刻 t_1 から t_2 までのこれらの変化は 0 である．一方，重力の $x,\ y$ 成分は 0 であるから，力積の $x,\ y$ 成分も 0 である．以上から，(2.25) の第 1，第 2 式が成り立つことがわかる．

運動量の z 成分 $p_z = m(-gt + v_{z0})$ については，時刻 t_1 から t_2 までの変化量は次のように計算される．

$$\begin{aligned} p_z(t_2) - p_z(t_1) &= m(-gt_2 + v_{z0}) - m(-gt_1 + v_{z0}) \\ &= -mg(t_2 - t_1) \end{aligned} \tag{2.26}$$

重力の z 成分 $F_z = -mg$ は一定であるから，時刻 t_1 から t_2 までの力積は

$-mg(t_2 - t_1)$ となり，運動量の変化 (2.26) に等しい．

撃力

物体が壁に衝突して跳ね返るとき，あるいは衝撃を与えて物体を動かすとき，その瞬間の力は非常に大きく，力を加えている時間は非常に短い．このような場合の力積を**撃力**とよぶ．この場合も運動量の変化は撃力に等しい．

力が常に同じ方向にはたらいている場合に話を限ろう．このとき，力の大きさが時間とともに変化する様子を図 2.4 に示す．力を時間で積分したものが力積であるから，図中の曲線と横軸の間の面積が撃力を与える．力がはたらいている時間を τ，力の最大値を F とする．このとき，おおざっぱに言うと，撃力の大きさは $F_0\tau$ にほぼ等しい．

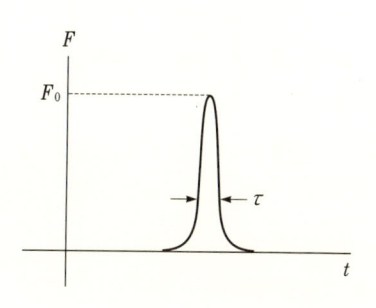

図 2.4 撃力における力の変化．τ は，力が 0 でない時間．

力はベクトルであるから，力積や撃力もベクトルである．このことを示すために，硬い壁に斜めに入射した物体が反射するときの衝突前後の運動量 $\boldsymbol{p}_1$, $\boldsymbol{p}_2$ と撃力（$\boldsymbol{F}_0\tau$ で表すことにする）の関係を図 2.5 に示そう．(a) は物体の軌道であり，衝突時に物体は壁から撃力 $\boldsymbol{F}_0\tau$ を受ける．衝突前後の運動量ベクトルの差 $\boldsymbol{p}_2 - \boldsymbol{p}_1$ は，(b) に示すように，撃力 $\boldsymbol{F}_0\tau$ に等しい．

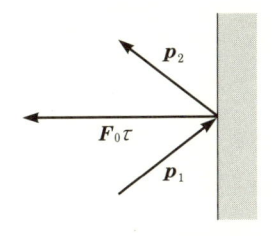

(a) 壁に衝突する物体の軌道

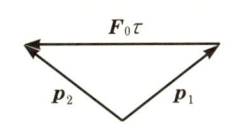

(b) 運動量の変化 $\boldsymbol{p}_2 - \boldsymbol{p}_1$ と，撃力（力積）$\boldsymbol{F}_0\tau$ の関係

図 2.5 壁で衝突する物体の運動量の変化と，その間にはたらいた力積

2つの物体が衝突するとき，それぞれが受ける力 F_1, F_2 は，作用反作用の法則から大きさが等しく向きが逆である．それらに時間 τ を掛けたものが撃力であるから，図 2.6 に示すように，それぞれが受ける撃力 $F_1\tau$, $F_2\tau$ も大きさが等しく向きが逆である．

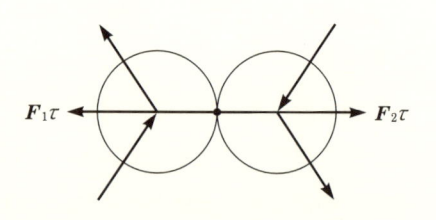

図 2.6 2つの物体が衝突する際の，それぞれが受け取る力積

[例題 2.5] 0.01 kg の静止した質点に，1 N（ニュートン）の力が瞬間的にはたらいた後，質点は 0.5 m/s の速さで動き出した．力がはたらいていた時間は何秒か．

[解] 衝突後の運動量は，$0.01 \times 0.5 = 0.005\,\mathrm{kg\,m/s}$，力がはたらいていた時間を $\tau(\mathrm{s})$ とすると，力積は $1 \times \tau\,(\mathrm{N\,s})$．運動量の変化と力積は等しいから $\tau = 0.005\,\mathrm{s}$，すなわち，力がはたらいていた時間は 0.005 秒である．

§2.5 力とは何か

力のはたらき

今まで深く追求しないできた力とは何かという問題に少しだけ触れよう．身の回りのいろいろな現象では，力のはたらきとして次の4つがある．

1. 物体の形を変える．
2. 物体を持ち上げたり，支えたりする．
3. 物体の動きを変える．
4. 粗い面に置いた物体を，摩擦力に逆らって一定の速度で動かす．

なお，中学の理科の教科書では上記の第1から第3までしか挙げていないので注意されたい．第4は第1〜3のどれとも異なる．

ところで，これらの4つは力のはたらきの記述であって，力とは何かという根本的な問題を議論しているわけではない．われわれは，筋肉の緊張感や

§2.5 力とは何か　41

手の平の圧迫感によって力を実感している場合が多い．一方，このような生理的な感覚に頼らないで力とは何かを考えようとすると，答を見つけるのは困難である．この問題を考える際には，以下に説明する運動法則の再解釈が参考になる．これは，運動を求める練習問題に慣れるには役立たないが，ものごとを深く見るためのトレーニングにはなる．しかし，もし理解しにくかったら読み飛ばしてもかまわない．

慣性の法則の再解釈

運動の第1法則（慣性の法則）には2つの問題点がある．1つは，「外から力が加えられない限り」という言葉を含むが，「力」という概念がはっきりしない．2つ目は，「静止状態，あるいは直線的な等速運動を続ける」という記述である．もし加速する自動車に乗って物体を観察すると，静止あるいは等速運動している物体も加速しているように見える．したがって，慣性の法則をあいまいさなく述べるためには，どんな座標系で観察しているのかということを定めなければならない．

ここで一つの経験事実を使う必要がある．それは，物体同士が十分離れていたら互いに影響をおよぼすことがないということである．もっとも，影響が完全になくなるほど離れた物体というものは滅多にない．実際には，物体同士を離していくと影響がだんだん小さくなることから，このように結論したのである．これは理論的に証明できることではなく，あくまで経験的に正当性が認められているものである．これを基にして慣性の法則を次のように言い換えることができる．

> 1つの物体が他の物体から十分離れている場合，すなわち他の物体の影響がない場合，その物体が静止しているか，あるいは一定の速度で直線的な運動をするような座標系を設定することができる．このような座標系を**慣性座標系**とよぶ．

他の物体から離れて孤立している物体の挙動を観測したとき，もし物体が静止を続けるか，あるいは等速度で動いているならば，そのことを確認した座標系は慣性座標系だというわけである．すなわち，慣性の法則とは慣性座標系という座標系の存在を主張するものである．

地球上で水平面上の運動を記述する場合は,地上に固定した座標系を慣性座標系とみなしてよい.より厳密な慣性座標系は,銀河系の恒星が静止して見えるような座標系である.これは,宇宙の進化のような大きな時間スケールをもつ現象を除けば,慣性座標系として使用してよい.今後は慣性座標系で運動を観察することにする.

運動の第2法則の再解釈

運動の第2法則の問題点は,まだはっきり定義していない質量と力という2つの概念を同時に含んでいるということである.だから,それらを順に定義していくことができない.以下に,出発点でそれらを使わない記述をしていこう.

もし2つの物体が互いに近づいたら,それらは相互に影響し合って加速度が生まれる.図2.7に示すように,2つの物体を添字1,2で区別し,それぞれに生じる加速度を a_1, a_2 とする.このような物体の運動を数多く観察した経験から次のような法則が導かれる.

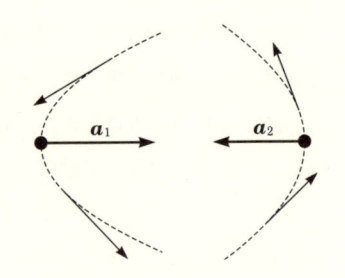

図2.7 互いに近づいた物体に生じる加速度

互いに近づいた物体に生じる加速度を a_1, a_2 とする.そのとき,物体の運動状態によらず(速度や位置によらず)a_1 と a_2 とは常に逆向きであり,その大きさの比は一定である.

大きさの比を k_{12} とすると(添字12は物体1と物体2の組合せであることを示す),上記の記述は次のような式でも表すことができる.

$$a_1 = -k_{12}a_2 \tag{2.27}$$

ここで,次のような方法ですべての物体の質量を決めていくことにする.まず,特定の物体の質量を人為的に決める.ここでは物体1の質量を m_1 とする.m_1 の値は自由に決めてよい.次に,物体2を物体1に近づけて,それぞれの加速度を測定し(2.27)の k_{12} を決定する.それから,物体2の質量 m_2 を次の式から決める.

$$m_2 = k_{12}m_1 \tag{2.28}$$

このようにして,すべての物体を物体1に近づけて,それらの加速度を測定するこ

とによりそれらの質量を決定することができる．

(2.28)から，$k_{12} = m_2/m_1$ となる．これを (2.27) に代入し，両辺に m_1 を掛けると，

$$m_1 \boldsymbol{a}_1 = - m_2 \boldsymbol{a}_2 \tag{2.29}$$

ここで，物体1と物体2が近づいたときに，それぞれに加速度を生じさせる作用を力とよぶことにする．力はベクトルであり，それぞれ $m_1\boldsymbol{a}_1$, $m_2\boldsymbol{a}_2$ で定義される．これらのベクトルを $\boldsymbol{F}_1$, $\boldsymbol{F}_2$ と表すことにすると，力の定義は

$$\boldsymbol{F}_1 = m_1 \boldsymbol{a}_1, \qquad \boldsymbol{F}_2 = m_2 \boldsymbol{a}_2 \tag{2.30}$$

である．同時に，(2.29) は，

$$\boldsymbol{F}_1 = - \boldsymbol{F}_2 \tag{2.31}$$

と書ける．

以上から，質量と力が順々にあいまいさなく定義された．それによれば，運動の第2法則とは，力を定義する式であることがわかった．また，物体1と物体2の間には作用反作用の法則が自動的に成り立つこともわかった．

作用反作用の法則の再解釈

以上の議論では，物体1が特別のものであり，他のすべての物体は平等である．また，物体1と他の物体との間には作用反作用の法則が自動的に成り立つ．ところが，いったん質量をすべて決定したあと，物体1以外の物体同士 (2, 3 とする) が互いに近づいて加速度が生じたとき，$m_2 \boldsymbol{a}_2 = - m_3 \boldsymbol{a}_3$ が成り立つことは自明ではない．しかしながら，実験や観察によればそれは成り立っていることがわかっている．結局，作用反作用の法則は次のように言うことができる．

> 物体1を用いてすべて物体の質量を決めたとする．物体1以外の物体同士が近づいて加速度が生じたとき，それぞれが受ける力を加速度と質量の積で定義する．このときそれぞれにはたらく力は，大きさが等しく，逆向きになっている．

すなわち，物体1以外の物体同士に成り立つ作用反作用の法則は経験的に成り立つものであり，証明されるものではない．運動法則の再解釈について説明してある教科書はいくつかあるが，作用反作用の法則がやはり経験事実であることを指摘し

てあるものは少ない．

　読者は，上に述べた運動法則の再解釈に，すべて**経験事実**が含まれていることに気がつかれただろう．証明されたものではなく，経験事実を簡潔に表現したものが法則なのである．

力とは何か

　以上の考察から，**力**とは物体の速度を変える作用であるということができる．本節の最初に力が現れる場合として4つを挙げた．その第3のものがいま述べた定義に当る．残りの3つの場合はどのように解釈すればよいだろうか．

　1つの物体に2つの力がはたらいているとき，もしそれらが同じ大きさをもち向きが逆であれば，それらの作用は互いに打ち消し合って，その物体の速度を変化させるはたらきは失われる．この状態を**力のつり合い**とよぶ．上に述べた残りの3つの場合は力のつり合いの状態であり，そこにはたらいている力の種類で分類されているのである．

　第1の場合は，物体を変形させるために外から加えた力と物体に生じた弾性力がつり合っている．第2では，物体にはたらく重力とそれを支える力がつり合っている．第4では，接触面ではたらく摩擦力と物体を引っ張る力とがつり合っている．

　[**例題2.6**]　次に述べる力は，本節の最初に述べた4つのはたらきのうちどれに相当するか．

　　（1）重りを糸でつるした振り子を振らせるとき，糸から重りにはたらく力．

　　（2）バンジージャンプで，ゴムのロープが伸び切った瞬間にロープから人体にはたらく力，および人体からロープにはたらく力．

　　（3）木に打ち付けた釘をぬく力．

　[**解**]　（1）重りには，重力にさからう力（第2），および円運動に対応する向心力（第3）の両方がはたらいている．

§2.5 力とは何か　45

　(2)　ロープが伸びきったとき，人体には重力がはたらき，同時に人体は上向きに加速している．したがって，ロープは人体の重力にさからう力（第2），および上向きに加速させる力（第3）を加えている．また，人体はロープに対して，ゴムを伸ばす力（第1）を加えている．

　(3)　釘と木の間には摩擦力がはたらいている．釘をぬくときは，摩擦力に逆らう力（第4）を加えている．

慣性質量と重力質量

　力の本質を考えるとき物体の質量が必然的に現れた．ところで，本章で導入した質量には2種類あった．一つは運動の第2法則に現れる質量であり，力の本質に関わるものである．これは，物体がいままでの運動状態を保とうとする性質，すなわち慣性の大きさを表すので**慣性質量**とよばれる．

　もう一つは重力の大きさに関係する質量である．ニュートンによって定式化された**万有引力の法則**によれば，2つの物体（地上の物体と上空の天体の両方にあてはまる）にはたらく力は，両方の質量に比例し相互の距離の2乗に反比例する．これは加速度には関係なく2つの物体が静止しているときにもはたらく．

　万有引力は電荷をもつ2つの粒子の間にはたらくクーロン力と似ている．クーロン力の大きさは両方の電荷に比例し，相互の距離の2乗に反比例する．万有引力における質量はクーロン力における電荷に対応していて，力の大きさを決めるものである．この質量は**重力質量**とよばれる．このことから，万有引力を決定する重力質量が慣性にかかわる慣性質量と異なる性質をもつことが想像できるであろう．

　ところが，現在までの観察事実やくわしい実験によっても，これら2つの質量の違いは検出されていない．これらが同じ値をもつことは，ガリレイが行ったといわれる，2つの異なる質量をもつ物体を落下させた実験からも推定できるのである．

慣性質量と重力質量を区別するために，前者を m_i，後者を m_g と書くことにしよう．このとき重力は $-m_g g$ と書けるので，運動方程式の z 成分は

$$m_i a_z = -m_g g$$

これから

$$a_z = -\frac{m_g}{m_i} g \tag{2.32}$$

となる．すなわち，落下時の加速度は重力質量と慣性質量の比に比例する．ガリレイの実験によれば，高所から重い物体と軽い物体を同時に落としたところ，これらは同時に地上に達したとのことである．このことは，落下時の加速度はどの物体でも同じであり，したがって重力質量と慣性質量の比はどの物体でも同じであることを意味する．

ところで，これらの質量の比が共通であるということはそれらが等しいということと本質的に同じである．なぜなら，すでに述べたように，慣性質量は基準物体の値と比較することにより決まるものだからである．もし，基準物体について慣性質量と重力質量を等しくしてそれらの比を1にしておけば，他のすべての物体でもこれらが等しくなるわけである．

ガリレイの実験は，それが史実だとしても，慣性質量と重力質量が本当に等しいかどうか結論を導くには精度の低いものであった．より精密な実験は，1896年にハンガリーの物理学者R. エトヴェシュによって行われた．その結果，両方の質量に差があるとしても，慣性質量に対するその割合は 10^{-9} 以下ということがわかった．最近の実験によればこの割合は 10^{-14} 以下であることがわかっている．

差の割合が 10^{-14} 以下という小さいものであれば，慣性質量と重力質量は完全に等しいと考えても差し支えないであろう．アインシュタインが1916年に提唱した一般相対論では，これらが等しいということが理論の前提になっている．

しかしながら，これらが本当に等しいかどうかは完全に解決したわけでは

ない．さらに，本来質量とは何かという問題は現在でもミステリーである．読者は，力学というと完全に確立された分野という印象をもつかもしれない．しかし，根本的な未解決の問題がまだ残っているのである．

演習問題

[1] xz 面内（x 軸は水平，z 軸は鉛直とする）の原点から，x 軸と角度 θ をなす方向に初速度 v_0 で投射した質点の軌道を表す式を求めよ．最高地点の高さ h，および質点の飛距離 L（軌道と x 軸の交点と，原点との距離）を求めよ．最高地点がもっとも高くなるような θ の値，および飛距離が最大になるような θ の値を求めよ．

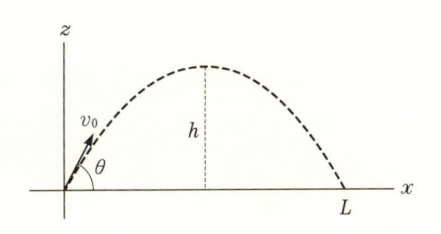

[2] 1 kg の物体が，水平方向から 45° 傾いた斜め下方向（x 軸の正方向）に飛んできて，2 m/s の速さで地面に衝突した．その後，水平方向から 60° 傾いた斜め上方向に速さ 1.5 m/s で飛び去った．地面にそって x 軸，鉛直方向に z 軸をとる．

（1）物体の衝突前，および衝突後の運動量ベクトル $\boldsymbol{p}_1$，$\boldsymbol{p}_2$ を求めよ．

（2）地面が物体に与えた力積のベクトル $\boldsymbol{F}\tau$ を求めよ．

（3）物体が地面に接していた時間が 0.01 秒であったとする．地面が物体に加えた力のベクトルを求めよ．

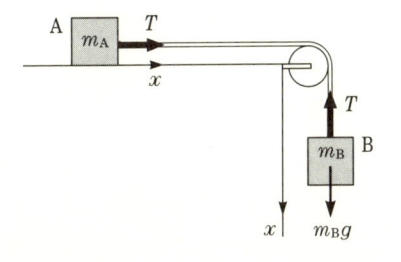

[3] 図のように，なめらかな水平面に置かれた物体 A と鉛直につるされた物体 B が，軽いひもと滑車を通してつ

ながれている．それぞれの質量を m_A, m_B, ひも にはたらく張力を T とする．物体Bには，重力 $m_B g$ が下向きにはたらいている．

（1）2つの物体の運動方程式を書け．ただし，どちらも運動方向に x 座標をとる．

（2）これらの運動方程式から T を消去することにより，物体の加速度を求めよ．

[4] 図のように，鉛直につるされた物体A, Bが軽いひもと滑車を通してつながれている．それぞれの質量を m_A, m_B とする（$m_A < m_B$）．

（1）ひもの張力 T を導入することにより2つの物体の運動方程式を書け．

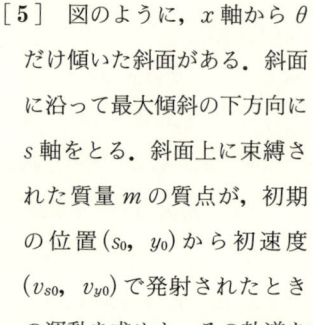

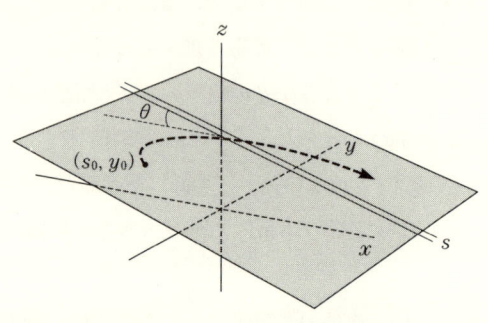

（2）これらの運動方程式から T を消去することにより，物体の加速度を求めよ．

[5] 図のように，x 軸から θ だけ傾いた斜面がある．斜面に沿って最大傾斜の下方向に s 軸をとる．斜面上に束縛された質量 m の質点が，初期の位置 (s_0, y_0) から初速度 (v_{s0}, v_{y0}) で発射されたときの運動を求めよ．その軌道を求めよ．

[6] 水平な2枚の平行平板の間に，強さ E の下向きの電場（電界）ができている．下側の平板は xy 面内にある．両方の平板とも x 方向の長さが L であり，$x = 0$ から $x = L$ の間にある．x の負の側から，質量 m, 電荷 $-e$ をもつ電子が速さ v_0 で x 方向に飛んできて（そのときの高さを $z = h$ とする）平板の間に入った．その後の電子の運動を求めよ．ただし，平板間では電子は上向きに eE の力，および下向きの重力を受ける．

[7] 水平な一直線上を動く質量 m の質点がある．質点の位置を x, 速度を v で

表す．これに，x の方向をもち，振動する力 $F = F_0 \cos \omega t$ がはたらいている．速度と位置の一般解を求めよ（三角関数の積分については付録 A 参照）．質点の平均的な位置が原点にあるとき，積分定数を決定せよ．

[8] 質量 m の質点に，図のように時間的に変化する力 F が x 方向にはたらいている．この力は，周期 T で周期的に変動し，$0 < t < T/2$ では $F = F_0$，$T/2 < t < T$ では $F = -F_0$ である．$t = 0$ での質点の位置と速度は $x = 0$，$v = 0$ であったとする．

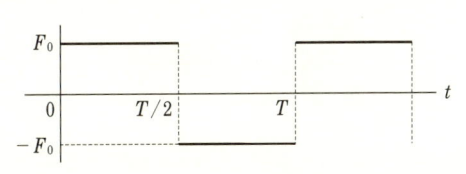

(1) $0 < t < T/2$ における質点の運動方程式を書け．それを解いて $t = T/2$ での x と v を求めよ．

(2) $T/2 < t < T$ における質点の運動方程式を書け．(1)で求めた x と v の $t = T/2$ での値を初期条件として，この方程式を解き，$t = T$ での x と v を求めよ．

3 摩擦力をともなう運動

物体同士が接触する面には大なり小なり摩擦力がはたらいている．摩擦力には静止摩擦と動摩擦の2種類がある．静止摩擦とは，接触面にすべりが起きないように面に平行に作用する力である．動摩擦力とは，接触面にすべりが始まったとき，すべりを止めるような向きで面に平行にはたらく力である．摩擦がはたらかない面をなめらかな面とよぶ．それに対して摩擦がはたらく面を粗い面，あるいはなめらかでない面とよぶ．

われわれは日常生活においてこれらの2種類の摩擦力を常に利用している．道路を歩けるのは静止摩擦のために靴底がすべらないからであるし，地面をころがるボールなどがやがて静止するのは動摩擦のために減速するからである．静止摩擦を扱う問題には，斜面に置かれた物体がすべらないための条件などのように静止状態に関するものが多い．一方，動摩擦を扱う問題には，それによって運動がどのように影響を受けるかを検討するものが多い．

気体や液体を総称して流体とよぶ．流体の中を物体が動くとき物体と流体の間に動摩擦がはたらく．この場合は固体同士の接触ではないので，摩擦とよぶ代りに粘性とよんでいる．ここでは，粘性のために自由落下がどのように影響を受けるかという問題を考えてみる．

§3.1 静止摩擦力と力のつり合い

静止摩擦力の法則

固体の面同士が接触し互いにすべりがないときに，面の間にすべりを起こさせないようにはたらく力を**静止摩擦力**とよぶ．図3.1のように，粗い水平な床の上に置かれた物体を外から大きさ F の力を加えて水平に引くとしよ

§3.1 静止摩擦力と力のつり合い　51

う．一般に，外から加えられた力を**外力**とよんでいる．このとき物体が静止したままであれば，接触面に大きさ F の静止摩擦力が逆向きに生じていて，外力とつり合っている．外力の大きさ F は自由に変えられるので，静止摩擦力の大きさもそれに応じて変化する．

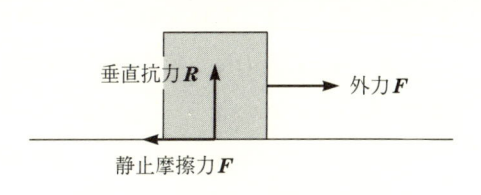

図3.1　外力と静止摩擦力のつり合い

　一方，物体には重力が常にはたらいている．図3.1の配置では，重力は面に垂直であり，これはすべりを起こさせるはたらきはもたない．この重力は，床が物体を押し返す力とつり合っている．この力は**抗力**あるいは**垂直抗力**とよばれる．

　ところで，観察によれば，F がある値 $F_{\max}$ を超えるとすべりが起きる．この値を**最大静止摩擦力**とよぶ．経験法則として，最大静止摩擦力 $F_{\max}$ と垂直抗力（R で表す）の間には次の式のような関係が成り立つ．

$$F_{\max} = \mu_s R \tag{3.1}$$

ここで μ_s は**静止摩擦係数**とよばれ，その値は物体と床の材質やこれらの接触面の磨き方によって決まる．静止摩擦をともなう力のつり合いの問題では，すべて（3.1）を応用していく．

斜面に置かれた物体の静止条件

　斜面に置かれた物体がすべり出さないための条件を考えてみよう．図3.2のように水平から角度 θ だけ傾いた斜面に質量 m の物

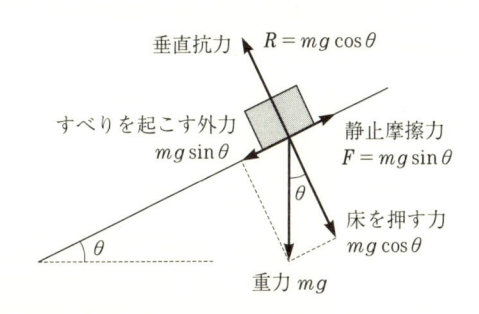

図3.2　斜面に置かれた物体にはたらく力のつり合い

体が置かれている．物体と斜面の間の静止摩擦係数を μ_s とする．

大きさ mg の重力は，床を押す力（大きさは $mg\cos\theta$）とすべりを起こす外力（大きさは $mg\sin\theta$）に分けることができる．垂直抗力 R は前者とつり合うので，$R = mg\cos\theta$ である．静止摩擦力 F は後者とつり合うので，$F = mg\sin\theta$ である．物体がすべりださないための条件は F がその最大値 $F_{\max}$ を超えないことである．(3.1) を使うとこの条件は次式で表される．

$$mg\sin\theta < \mu_s mg\cos\theta \tag{3.2}$$

斜面の傾斜 θ を増加していくと，(3.2) の左辺は増加し右辺は減少するので，ある角度で (3.2) の両辺が等しくなる．角度がそれより大きくなると静止摩擦力が右辺の最大静止摩擦力を超え，すべりが始まる．これからすべりが始まる角度 θ_s が次のように求められる．

$$mg\sin\theta_s = \mu_s mg\cos\theta_s, \quad \text{すなわち} \quad \tan\theta_s = \mu_s \tag{3.3}$$

(3.3) は，θ_s を測定すれば μ_s を求めることができることを示している．

[**例題 3.1**] 摩擦のある平板に物体をのせ，平板を 30° に傾けると物体がすべり始めた．最大静止摩擦係数はいくらか．

[**解**] (3.3) に $\theta_s = 30°$ を代入することにより

$$\mu_s = \tan 30° = \frac{1}{\sqrt{3}}$$

§3.2 動摩擦をともなう運動

動摩擦力の法則

物体が粗い床に接触しながら運動するとき，物体は速度と逆向きの**動摩擦力**を受ける．観測によれば，その大きさ F_d は物体の速度によらず一定である．最大静止摩擦力の場合と同じように，F_d は物体が床から受ける垂直効力 R に比例し，次の式で表される．

$$\boxed{F_d = \mu_d R} \tag{3.4}$$

§3.2 動摩擦をともなう運動　53

μ_d は**動摩擦係数**とよばれ，その値は物体と床の材質やこれらの接触面の磨き方によって決まる．

一般に，動摩擦係数は最大静止摩擦係数以下である．すなわち，

$$\mu_d \leqq \mu_s \tag{3.5}$$

これは両方の係数の測定値を比べることによって確認されている．同時に，もし (3.5) が成り立たないと矛盾が生じることを示すことができる．

図3.2に示した斜面上で角度 θ を増加させていって物体がすべり始めたとしよう．そのとき，静止摩擦力はすべりを起こす外力の大きさと等しい．

ころがり摩擦のしくみ

すべりがなくても動摩擦が生じることがある．水平な床の上で車輪をころがすとき，車輪はやがて止まってしまう．それにはいろいろな原因がある．その代表的なものとして，床がやわらかく，車輪の重力によってへこむ場合を考えよう．

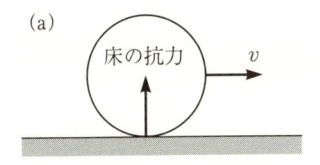

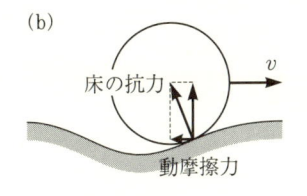

もし床が硬くてへこまなければ床の抗力は垂直上方を向き，水平成分はない．したがって，物体を減速させる効果，すなわち摩擦は生じない（図(a)）．そこで，床がへこみ，しかもへこんだ床がもとにもどるのに時間がかかると仮定しよう．すると，車輪が通過した後もしばらくへこんだままであるから，図(b)に示すように，車輪は常に傾斜した部分で床に接していて斜面を登ることになる．このとき床からはたらく抗力は後方に傾いているので，その水平成分も後方を向いている．それが物体を減速させるはたらきをして，ころがり摩擦になるのである．

すべり始めると物体と床の間には動摩擦がはたらく．もし (3.5) が成り立たないと動摩擦力は最大静止摩擦力より大きい，すなわち，すべりを起こす外力より大きくなる．このことは物体はすべり出すことができないことを意味し，すべり出したということと矛盾するのである．

動摩擦による減速運動

水平な床の上の直線上で，動摩擦を受けて減速していく物体の運動を求めてみよう．図 3.3(a) のように，物体の質量を m とし運動方向を x 軸の正方向とする．物体が運動方向に受ける力は (3.4) で与えられる動摩擦力だけである．なお，抗力 R は重力 mg に等しい．以上から，速度 v に対する運動方程式は，

$$m\frac{dv}{dt} = -\mu_d\, mg \tag{3.6}$$

となる．ここで右辺にマイナス記号がついているのは，動摩擦力が運動方向と逆向きにはたらくからである．

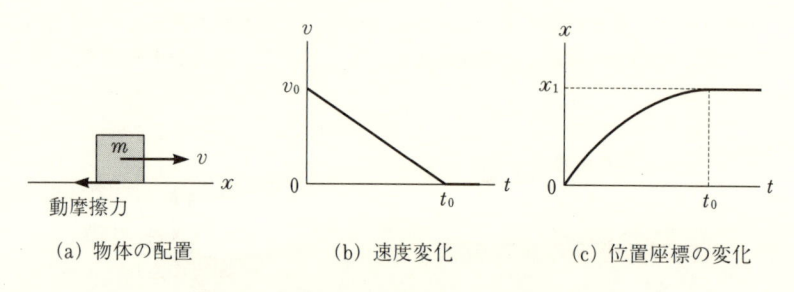

(a) 物体の配置　　(b) 速度変化　　(c) 位置座標の変化

図 3.3 動摩擦力を受けて水平に運動する物体

(3.6) の右辺は定数であるから容易に解くことができる．両辺を m で割り，そのまま積分すればよい．その結果は次のようになる．

$$v = v_0 - \mu_d\, gt \tag{3.7}$$

ただし，v_0 は積分定数であり，初速度を意味する．v の時間変化を図 (b) に示す．

§3.2 動摩擦をともなう運動　55

(3.6) からわかるように，時刻 $t = v_0/\mu_d g$ で速度 v が 0 になる．この時刻を t_0 で表すことにする．すなわち，

$$t_0 = \frac{v_0}{\mu_d g} \tag{3.8}$$

$t = t_0$ で物体が止まってしまうと，そこで動摩擦力もなくなる．すなわち，x 方向にはたらく力が 0 になるので運動の第 1 法則から物体は静止したままになり，再び動き出すことはない．この様子は，図 (b) の $t > t_0$ で，運動を表すグラフが横軸と一致していることに対応する．以上をまとめて，速度に対する解は次式で表される．

$$\left.\begin{array}{ll} v = v_0 - \mu_d gt, & t \leq t_0 \\ v = 0 & t \geq t_0 \end{array}\right\} \tag{3.9}$$

この式で t に対する条件式の両方に等号が入っているが，それは不都合ではない．なぜなら，$t = t_0$ では (3.9) の第 1 式からも $v = 0$ となり，第 1 式と第 2 式の両方が成立するからである．

位置座標の時間変化は (3.9) を第 1 章の (1.24) に代入すれば求めることができる．その場合も $t \leq t_0$ と $t \geq t_0$ に分けて計算しなければならない．

$t \leq t_0$ では，$t = 0$ での位置を $x = 0$ とし，$t_1 = 0$ として (1.24) の積分を 0 から t まで行う．その結果は次式のようになる．

$$x = v_0 t - \frac{1}{2} \mu_d g t^2 \quad (t \leq t_0) \tag{3.10}$$

$t = t_0$ で質点は $x = x_1$ に来たとする．$t = t_0$ を (3.10) に代入し，(3.8) を使うと，

$$x_1 = v_0 t_0 - \frac{\mu_d g t_0^2}{2} = \frac{v_0^2}{2\mu_d g} \tag{3.11}$$

となる．

$t \geq t_0$ では，$t_1 = t_0$ として (1.24) の積分を行えばよい．ただし，$v = 0$ なので積分の値は 0 であり，$x = x(t_0) = x_1$ (定数) である．この結果は，図 3.3(c) に示してある．

[例題 3.2] 水平な粗い床に沿って初速度 2.0 m/s で水平に発射された物体が 5.0 m 動いて止まった。動摩擦係数を有効数字 2 桁で求めよ。

[解] (3.11) に, $x_1 = 5.0$, $v_0 = 2.0$, $g = 9.8$ を代入すると,

$$5.0 = \frac{2.0^2}{2 \times \mu_d \times 9.8}$$

これから

$$\mu_d = \frac{2.0^2}{2 \times 9.8 \times 5.0} = 0.041$$

スキーがよくすべる理由

スキーやスノーボードはよくすべる。その理由は何だろうか。そこで、すべるためには何が必要か考えてみよう。機械のすべりをよくするとき潤滑油を用いる。潤滑油には、固体同士が直接接触するのを防ぎ、静止摩擦をなくすはたらきがある。そのためにすべりがよくなるのである。ところで、雪は小さい氷の粒であり固体である。すると、雪の上にスキーやスノーボードを置くとやはり固体同士の接触になり、静止摩擦が生じるはずである。それなのによくすべる理由は昔から謎であった。

スキーや人体からくる荷重により、雪に圧力がかかることを基にした説明があった。氷は圧力をかけると融点が下がるので、温度が 0°C 以下でも氷が解けて潤滑油が生じるというものである。ところが、人が乗ったくらいではこの融点の降下も 0.1°C 以下であるので、これでは雪は解けない。

最近の研究によれば、0°C 以下の温度であっても氷の表面には非常に薄い水の膜がかぶさっているらしい。これは疑似液体膜とよばれる。その厚さは 1～10 nm くらいであり、肉眼では見えない。しかし、たとえ薄くても固体の間に液体が入っていれば潤滑油のはたらきが生じるので、この説は有望である。疑似液体膜は低温ほど薄く、−20°C では厚さが 0 になる。このときは完全な固体接触になり、すべりが悪くなる。実際、−20°C くらい低温になるとそりのすべりが悪くなるという記録がある。

§3.3 粘性抵抗をともなう落下運動

粘性抵抗の法則

空気や水のように自由に流動する物質を流体とよぶ．物体が流体中を移動するときは，物体とそれに接している流体の部分との間に動摩擦がはたらく．流体がもつこの性質を**粘性**とよんでいる．粘性のために生じ，物体の運動方向の逆向きにはたらく力を**粘性抵抗**とよんでいる．

物体の速度が小さいときは，粘性抵抗は速度 v に比例することが知られている．すなわち，粘性抵抗を D とすると，

$$D = -kv \tag{3.12}$$

ただし，k は定数である．右辺にマイナス記号がついているのは抵抗の向きが速度と逆向きであるためである．

半径 a の球の場合は $k = 6\pi a\eta$ となることが理論的に導かれている．η は**粘性率**とよばれ，流体の粘性の大きさを表す定数である．k に対するこの表現を (3.12) に代入すると，球の場合の粘性抵抗を表す次の式が導かれる．

$$D = -6\pi a\eta v \tag{3.13}$$

これは**ストークスの抵抗法則**とよばれる．ただし，今後は (3.12) の方を用いることにする．

粘性抵抗による減速運動

図 3.4 に示すように，粘性の高い液体を満たした容器があり，その底にそって物体がゆっくり動いているとしよう．運動方向に x 軸を選び，速度を v とする．この物体に運動方向に

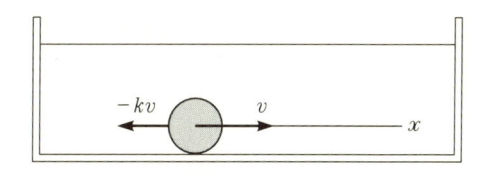

図 3.4 流体中で粘性抵抗を受けながら運動する物体

はたらく力は (3.12) で表される粘性抵抗だけである．そのとき運動方程式は次の式で表される．

3. 摩擦力をともなう運動

$$m\frac{dv}{dt} = -kv \qquad (3.14)$$

この微分方程式を少しだけ簡単にするために両辺を m で割る．すると，新しい係数 $K = k/m$ を導入することにより (3.14) は次のような形になる．

$$\frac{dv}{dt} = -Kv \qquad (3.15)$$

この微分方程式を解くとき，このままで両辺を積分するといういままでの方法は有効ではない．なぜなら，右辺に $v(t)$ という未知の関数が含まれているからである．そこで，微分方程式の解法に関する技術が必要になる（付録 C 参照）．ここではそのうちの**変数分離法**を用いる．

(3.15) の中で変数は v と t である．この方程式を変形して，これらの変数を左辺と右辺に分離する．そのためには (3.15) の両辺に dt/v を掛ければよい．すると，

$$\frac{dv \cdot dt}{dt \cdot v} = -Kv \cdot \frac{dt}{v}$$

となる．ここで，第 1 章で強調した微分とは分数であるということを思い出して頂きたい．この式の両辺の分数について，通常の約分をすると，

$$\frac{dv}{v} = -K\,dt \qquad (3.16)$$

となる．確かに，左辺は v だけ，右辺は t だけになった．

(3.16) はわずかな速度の変化とわずかな時間経過の間の関係式である．これらの変化量を合計していくと速度変化と時間経過の間の関係式になる．ただし左辺については，dv を直接合計して v の変化量にするのでなく，(3.16) の左辺のように dv を v で割ったものを合計するのである．和を積分で置き換えることにより，

$$\int \frac{dv}{v} = -K \int dt \qquad (3.17)$$

を得る．この式の両辺は容易に積分することができる．特に，左辺の積分は

§3.3 粘性抵抗をともなう落下運動　59

$\log |v|$ である（付録 A 参照）．

　ところで，経験によれば，初めに x 軸の正方向に動いていた物体が後の時刻に逆向きに動き始めることはないので，v は常に正である．したがって $\log$ の変数の絶対値記号は省略してよい．結局，(3.17)の両辺を積分し，積分定数 A を右辺だけにつけると，

$$\log v = -Kt + A \tag{3.18}$$

となる．対数関数の定義と公式から（付録 A 参照）次の式を得る．

$$v = e^{-Kt+A} = e^{-Kt}e^{A}$$

　A は，初速度 ($t=0$ で $v=v_0$) を与えると，$e^A = v_0$ と決まる．これを上式に代入して，最終的に解は

$$\boxed{v = v_0 e^{-Kt}} \tag{3.19}$$

となる．この速度変化の様子を図 3.5(a) に示す．

　$t = 0$ の付近では物体の速度は経過時間に比例して減少していく．この様子は図中の点線で示されている．この点線の傾きは $t = 0$ における勾配である dv/dt から求められる．(3.19)を微分した後で $t = 0$ を代入することによってこの勾配は $-Kv_0$ となる．図中の点線が v_0 だけ降りてきて横軸と交わる点は，図に示したように $t = v_0/Kv_0 = K^{-1}$ で与えられる．

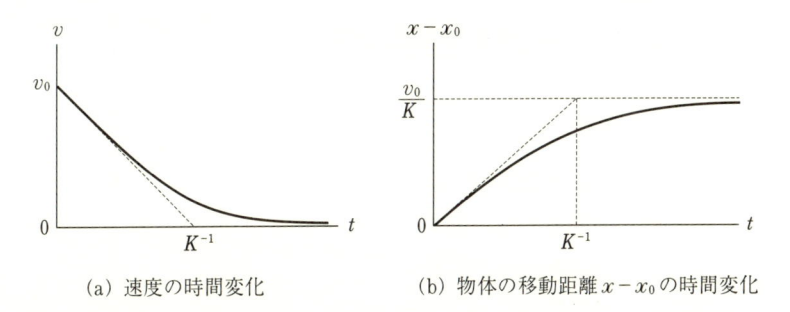

　　　　(a) 速度の時間変化　　　　(b) 物体の移動距離 $x-x_0$ の時間変化

図 3.5　粘性抵抗を受けて物体が減速していく様子．(v_0 は初速度，x_0 は初期の位置)

(3.19) に $t = K^{-1}$ を代入すると $v = v_0 e^{-1}$ となる．すなわちこの時間は，速度が $e^{-1}(\fallingdotseq 1/2.718)$ 倍になる時間である．さらに同じ時間が経つと，速度は e^{-2} 倍になる．この時間 K^{-1} は**緩和時間**とよばれる．こうして，十分時間が経過したとき v はほとんど 0 になるが，完全に停止するには無限の時間がかかるのである．

位置座標 x は，(3.19) を (1.24) に代入して $t = 0$ から t まで積分することにより次のように求めることができる．

$$x = B - \frac{v_0}{K} e^{-Kt} \tag{3.20}$$

積分定数の B は，初期の位置を x_0 として求めることができる．$t = 0$，$x = x_0$ を (3.20) に代入すると $B = x_0 + v_0/K$ となる．この B を (3.20) に代入し，共通因数 v_0/K でまとめることにより x が次のように求められる．

$$x - x_0 = \frac{v_0}{K}(1 - e^{-Kt}) \tag{3.21}$$

この解の様子を図 (b) に示す．

移動距離は，最初のうちは経過時間に比例して増加する．十分時間が経過すると，指数関数の値が 0 になるので，移動距離 $x - x_0$ は v_0/K に収束する．

霧雨の落下運動

霧雨の粒子が空中を落下するときは，速度が非常に小さいので，(3.12) で表されるような粘性抵抗が空気との間に生じる．このとき，図 3.6 のように粒子には重力と粘性抵抗の両方がはたらいている．この粒子が鉛直下方に落下する運動を求めよう．

この問題では，いままでと違って鉛直下方を z

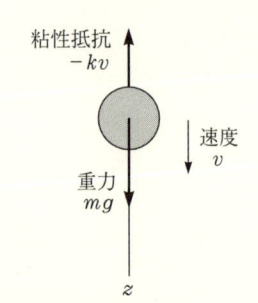

図 3.6 粘性抵抗を受けて落下する霧雨の粒子

§3.3 粘性抵抗をともなう落下運動　61

軸の正方向とし，落下速度を v とする．すなわち，落下するときは $v>0$ である．粒子の質量を m とすると，運動方程式は

$$m\frac{dv}{dt} = mg - kv \qquad (3.22)$$

となる．右辺第2項にマイナス符号がついているのは粘性抵抗が上向きにはたらくからである．

(3.22) の両辺を m で割ることにより，方程式を次のように変形する．

$$\frac{dv}{dt} = g - Kv = -K\left(v - \frac{g}{K}\right) \qquad (3.23)$$

ただし，$K = k/m$ である．

ここで，(3.23) の右辺に現れる g/K の意味について考えてみよう．霧雨の粒子が加速していくと，重力は一定のままであるのに対して，粘性抵抗は増加するので，やがて粘性抵抗が重力とつり合うようになる．そのとき，粒子にはたらく正味の力は 0 になり，それ以後は粒子は一定の速度で落下するようになる．このときの速度を**終端速度**とよび，v_f で表すことにする．速度が終端速度に達すると，加速度が 0 になるので，(3.23) の右辺も 0 である．そのときの v を v_f に置き換えると，v_f が次のように求められる．

$$v_f = \frac{g}{K} \qquad (3.24)$$

(3.23) も変数分離法で解くことができる．(3.23) の両辺に $dt/(v-v_f)$ を掛けると，

$$\frac{dv}{v-v_f} = -K\,dt \qquad (3.25)$$

となる．この両辺をそれぞれ v と t で積分することにより，

$$\log|v-v_f| = -Kt + C$$

を得る．ところで，v は増加しながら v_f に近づくので，$v-v_f<0$ である．したがって $|v-v_f| = v_f - v$ である．これから，

62   3. 摩擦力をともなう運動

$$\log(v_f - v) = -Kt + C$$

ここで積分定数を変換して $C = \log C'$ と置くと

$$v = v_f - C' e^{-Kt} \qquad (3.26)$$

初期に霧滴は静止していたとする．そこで，$t = 0$ で $v = 0$ という条件を (3.26) に代入すると，$C' = v_f$ となる．これと (3.26) から解が次のように求められる．

$$v = v_f(1 - e^{-Kt}) \qquad (3.27)$$

この結果を図 3.7(a) に示す．水槽中を動く物体の場合と同じように，緩和時間 K^{-1} だけ経過した後に v は終端速度に近づく様子がわかる．

(a) 落下速度の変化   (b) 落下距離の変化

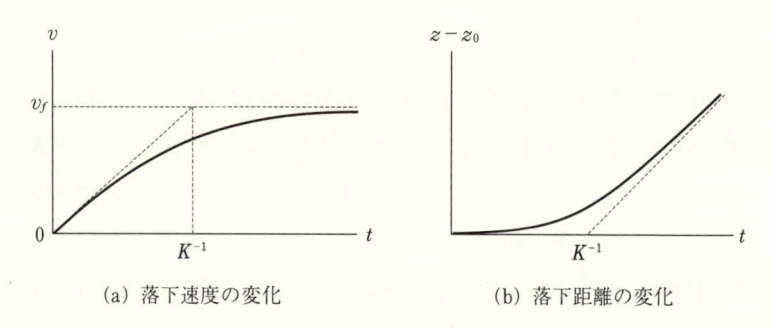

図 3.7　霧雨の雨粒の落下運動

(3.27) を再度積分することにより落下距離 $z - z_0$ を計算することができる．ただし，z_0 は初期の位置である．この操作は練習問題として残しておく．ただし，落下距離の変化の様子は図 (b) に示す．十分時間が経過すると一定の終端速度で落下するようになるので，落下距離も直線的に増加していくことになる．

[例題 3.3]　空気の粘性率を 1.8×10^{-5} Pa s とする．半径が 20 ミクロンの霧滴の落下運動について，終端速度と緩和時間を求めよ．

[解]　(3.13) から粘性抵抗は

$$D = -6\pi a \mu v = -6\pi \times 20 \times 10^{-6} \times 1.8 \times 10^{-5} v = -6.8 \times 10^{-9} v$$

これと(3.12)を比べると
$$k = 6.8 \times 10^{-9} \quad (\text{kg/s})$$
となる．霧滴の質量は密度と体積の積であるから，
$$m = \rho \frac{4\pi a^3}{3} = 1.0 \times 10^3 \frac{4\pi (20 \times 10^{-6})^3}{3} = 3.4 \times 10^{-11} \quad (\text{kg})$$
以上から，$K = k/m = 2.0 \times 10^2$ であり，緩和時間は，
$$K^{-1} = \frac{1}{2.0 \times 10^2} = 0.0050 \quad (\text{s})$$
(3.24)から終端速度は
$$\frac{g}{K} = \frac{9.8}{2.0 \times 10^2} = 0.049 \quad (\text{m/s})$$

===== 演 習 問 題 =====

[1] 図のように，粗い水平面に質量 M の物体Aが置かれていて，それが滑車を通して物体Bとつながれている．水平面の静止摩擦係数を μ_s，動摩擦係数を μ_d とする．m を増していってある値になったとき物体は動き出した．そのときの物体Bの質量 m を求めよ．そのときの物体の加速度を求めよ．

[2] 水平からの角度が θ である斜面に糸でつながれた2つの物体が上下に離して置いてある．質量 M の上側の物体は粗い底面をもち，斜面との静止摩擦係数は μ_s である．質量 m の下側の物体は滑らかな底面をもっている．θ を増加してすべりが始まるときの θ の値を求めよ．

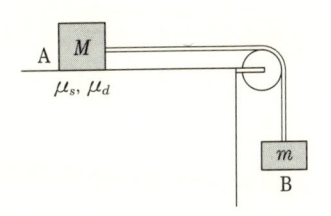

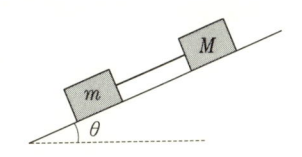

[3] 水平からの角度が θ である粗い斜面に物体を置いたとき，物体は斜面にそ

って動き出した．動摩擦係数を μ_d とする．斜面に沿う方向の速度 v，および斜面に沿う移動距離 x を求めよ．ただし，初期の速度は 0 であり，位置は x_0 とする．

[4] 図3.4の水槽の底で，質量 m の物体が静止している．ある時刻（$t=0$ とする）から水槽を一定の速さ v_0 で右向きに動かし始めた．中の流体も，やはり速さ v_0 で右向きに動き始めた．物体と流体の間には，それらの相対速度に比例する粘性抵抗がはたらくとする（比例係数を k とする）．

（1）物体の速度を v として，v が満たす運動方程式を求めよ．

（2）$t=0$ で $v=0$ として，この方程式を解いて v を求めよ．

[5] 粘性抵抗を受けて落下する物体の速度についての解 (3.27) を，(1.24) に代入して 0 から t まで積分することにより，図3.7(b) に示した落下距離 $z(t) - z(0)$ を求めよ．

[6] 図のように，平行な 2 枚の電極の間に鉛直方向に強さ E の電場がかけられている．その間を $-e$ の電荷を帯電している半径 a の球形の油滴が鉛直下方にゆっくり落下している．油滴，および空気の密度を ρ_o，ρ_a とする．空気の粘性率を η とし，ストークスの抵抗法則 (3.13) が成り立つとする．油滴にはたらく力は，重力，電場から受ける電気力，空気による浮力，および粘性抵抗である．油滴の落下が終端速度 v_f に達したとき，力のつり合いの式を書け．その式から v_f を求めよ．（この実験はミリカンの実験とよばれる．それによって電気の最小単位の大きさが決定された．）

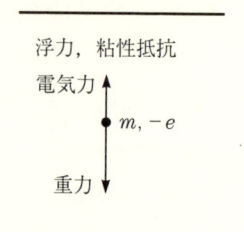

4 振動運動

　風の中で木の枝がゆれたり，水面がゆれて波になったり，地震で地面がゆれたり，われわれをとりまく自然には振動現象が多い．昔の柱時計には振り子がついていて，それが時針の進みを決めていた．現代の時計には内部に小さな水晶のかたまりがあって，それが振動をしている．自動車ででこぼこ道を走ると車体が上下に振動する．このように振動はわれわれに身近な現象である．

　振動が起きるには，物体の質量によって生じる慣性，および物体がつり合いの位置からずれたとき元にもどる作用である復元力の2つが必要である．慣性と復元力の組合せが振動の本質なのである．

　この章では，慣性と復元力だけからなる最も簡単な単振動から始め，それに抵抗がはたらく場合，外部から力が加えられる場合などに拡張していく．いままでと同様に数学的な記述が多いが，現象に対する直感的な把握はここでも重要である．読者は自分で実験しながら理解していくようにするとよい．

§4.1 単振動

フックの法則

　金属のバネやゴムの棒は，外から力をくわえないとき固有の長さをもつ．これを**自然長**とよぶ．これらを自然長から伸ばしたり縮めたりして変形させると，もとの長さにもどろうとする力，いわゆる**復元力**が生まれる．復元力が生じる性質を**弾性**とよび，弾性をもつ物体を**弾性体**とよぶ．

　多くの弾性体では変形の量が小さい限り復元力と変形量の間に比例関係がある．これをその発見者である17世紀のイギリスの物理学者 ロバート・フ

ックの名をとって**フックの法則**とよぶ．フックの法則は，板や棒の曲げのような伸び縮みとは別種の変形でも同じように成り立つ．

図4.1のように，なめらかで水平な床の上にバネを置いてみよう．バネの方向に x 軸をとる．バネの左端をある位置に固定し自然長の状態にしたとき，その右端の位置を x の原点に選ぶ．バネが変形したとき，その右端の x 座標によって変形の状態を表すことにする．$x>0$ であれば伸び，$x<0$ であれば縮みである．

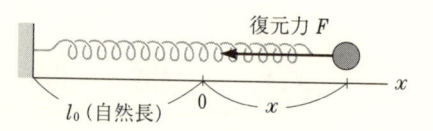

図4.1 バネの右端の位置座標によってバネの変形を表す．

バネの伸びが x のとき，それによって生じる復元力を F とする．力が右向きであれば $F>0$，左向きであれば $F<0$ である．このとき，フックの法則は次のように表すことができる．

$$F = -kx \tag{4.1}$$

右辺のマイナス符号は x と F が逆向きであることによる．比例係数 k は**バネ定数**とよばれ，バネの強さ，あるいは硬さを表す定数である．

(4.1)が成り立つのは x が比較的小さい場合である．現実の材料を長さ x だけ引き伸ばしたとき，図4.2に示すように，x が大きくなるにつれて x と復元力 F の比例関係が崩れていく．フ

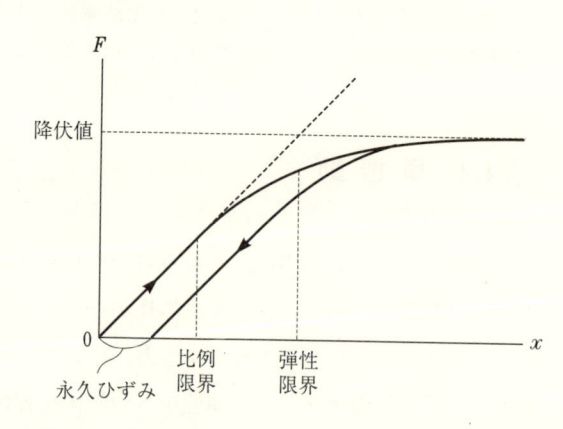

図4.2 現実の材料の挙動．x が比例限界以下であれば(4.1)が成り立つ．

§4.1 単振動

ックの法則が成り立つ限界の x の値を**比例限界**とよぶ．x が比例限界を超えても，**弾性限界**とよばれる値を超えなければ力を小さくしたとき同じ曲線を経て原点にもどる．元にもどることが弾性であるから，この名がついている．弾性限界を超えて伸ばすと力を除いたとき元にもどらず，**永久ひずみ**とよばれる長さだけ伸びが残る．さらに x を増すと力が一定のままで伸びが継続する．このときの F の値を**降伏値**とよぶ．大きな変形に材料が降伏したというわけである．

以上は現実の材料がもつ特徴である．今後はバネの変形は (4.1) の関係が成り立つ比例限界の範囲内にかぎることにする．

単振動の運動方程式

図 4.1 に示したバネの右端に質量 m の質点が結合されているとしよう．その様子をあらためて図 4.3 に示す．質点は x 方向に動き，x 方向の速度を v とする．質点の運動方程式は (2.5) あるいは (2.7) の第 1 式で与えられる．ただし，添字の x は省略する．

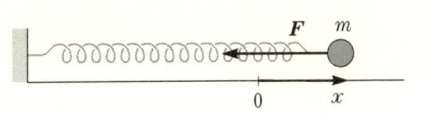

図 4.3 水平においたバネにつながれた質点の振動

$$m\frac{dv}{dt} = -kx, \quad \text{あるいは} \quad m\frac{d^2x}{dt^2} = -kx \quad (4.2)$$

まず，第 1 章で導入した単振動の位置座標に対する表現 (1.46)

$$x = C\sin(\omega t + \alpha) \quad (4.3)$$

および加速度の表現 (1.48) を (4.2) に代入してみよう．

$$-mC\omega^2 \sin(\omega t + \alpha) = -kC\sin(\omega t + \alpha)$$

この式には両辺に共通の因数 $C\sin(\omega t + \alpha)$ が含まれている．したがって，両辺をこの因数で割ると，

4. 振動運動

$$-m\omega^2 = -k, \quad \text{すなわち} \quad \omega = \pm\sqrt{\frac{k}{m}} \qquad (4.4)$$

以上から，(4.4) に示したように角振動数 ω を選べば，(4.3) が運動方程式 (4.2) を満たすことがわかる．一方，C と α の値については $C \neq 0$ ということ以外何の制限も受けない．

$\sqrt{k/m}$ という組合せは今後しばしば現れるので，それを ω_0 と書き **固有角振動数** とよぶことにする．バネと質点に固有の k, m からなる角振動数という意味である．(1.47) で与えた周期は次のように書ける．

$$\omega_0 = \sqrt{\frac{k}{m}}, \quad T = \frac{2\pi}{\omega_0} \qquad (4.5)$$

(4.4) の右辺に複号 $\pm$ がついているので，単振動の解としては，

$$x_+ = C\sin(\omega_0 t + \alpha), \quad x_- = C\sin(-\omega_0 t + \alpha)$$

の両方が可能である（x につけた添字は ω_0 の前の符号の違いを表す）．しかし，実はこれらの片方だけあれば十分であり，他方は省略してよいということを注意しておこう．三角関数の公式から（付録 A 参照），これらの第2式は次のように変形される．

$$x_- = -C\sin(\omega_0 t - \alpha)$$

ここで，$-C$, $-\alpha$ を新たに C', α' と書き直すと，

$$x_- = C'\sin(\omega_0 t + \alpha')$$

となる．ところで，C と α の値は符号も含めて全く未定なので，C' と α' も符号も含めて全く未定の定数である．このことから，x_- と x_+ の間には全く違いがないことがわかるであろう．結局，x_+, x_- のうち片方だけで十分なのである．すなわち，単振動の解は次のようになる．

$$x = C\sin(\omega_0 t + \alpha) \qquad (4.6)$$

第2章で未定定数の数による一般解の定義を行った．(4.2) の第2式は x に対する2階の微分方程式であり，その一般解は2個の未定定数を含むはず

である.確かに (4.6) は C と α という2個の未定定数を含んでいる.

§1.5で述べたように,(4.6) は $\sin \omega_0 t$ と $\cos \omega_0 t$ の重ね合せで,次のように表すこともできる.

$$x = A \sin \omega_0 t + B \cos \omega_0 t \tag{4.7}$$

なお,単振動の基礎方程式は,(4.2) の両辺を m で割り,ω_0 の定義を用いて次のように書いてもよい.

$$\frac{d^2 x}{dt^2} = -\omega_0^2 x \tag{4.8}$$

以上の説明は微分方程式 (4.2) を実際に解いたのではない.ω の値を適当に選ぶと,(4.3) が方程式を満たすということを示したに過ぎない.次に,(4.8) を解く手続きを説明しよう.ただし,理解しにくければ読み飛ばしてもかまわない.

単振動方程式の解法

(4.2) の左辺を積分すると mv になる.一方,その右辺には未知関数の $x(t)$ を含んでいるので,このまま積分することはできない.そこで,変数分離法を採用し,(4.2) の第1式の両辺に $v\,dt$ を掛ける.すると左辺は $mv\,dv$ となる.ところで,$v\,dt$ は時間間隔 dt と速度との積であるから,dt の間に移動する距離 dx に等しい.したがって,右辺には $v\,dt$ の代りに dx を掛ける.こうして,

$$mv\,dv = -kx\,dx \tag{4.9}$$

が導かれる.(4.9) の両辺をそれぞれ積分すると,

$$\int mv\,dv = -\int kx\,dx$$

これから,

$$\frac{1}{2}mv^2 = -\frac{1}{2}kx^2 + E \tag{4.10}$$

ただし,積分定数は右辺だけにつけた.

ここで単振動の力学的エネルギーについて一言注意しておこう(第5章でくわしく説明する).(4.10) の左辺は質点の運動エネルギーである.一方,右辺第1項の

マイナス符号を除くと，バネの伸びにともなう位置エネルギーである．右辺の第1項を左辺に移項すると，(4.10)はこれらエネルギーの和である力学的エネルギーが E という一定値に等しいことを表している．すなわち，積分定数の E は実は力学的エネルギーの値という意味をもつのである．

(4.10)の両辺に $2/m$ を掛けて平方根を作り，ω_0 の定義 (4.5) を使うと，

$$v = \pm \sqrt{\frac{2E}{m} - \frac{k}{m}x^2} = \pm \omega_0 \sqrt{\frac{2E}{k} - x^2} \tag{4.11}$$

(4.11)からさらに先にいくには，次のような2つの方法がある．第1は，左辺の v を dx/dt に置き換えて x の微分方程式に直す方法である．これは後で説明することにして，第2の方法を先に説明しよう．

(4.11)の根号の中は負になれないので，x には次のような制限がある．

$$-\sqrt{\frac{2E}{k}} \leq x \leq \sqrt{\frac{2E}{k}}$$

$\sqrt{2E/k}$ を C と書くことにする．$x(t)$ は $-C$ と C の間で変動する関数であるので，振幅 C をもつ三角関数，すなわち $C \sin\theta$ や $C \cos\theta$ のように振舞うであろう．θ は時間とともに変動するが，それが (4.6) のように $\omega_0 t + \alpha$ になるかどうかはまだ明らかでない．そこで，x を次のように表すことにしよう．

$$x = C \sin\theta(t) \tag{4.12}$$

$\theta(t)$ は未知の関数である．それを求めることがこれからの課題である．

(4.12) を (4.11) の右辺に代入する．さらに，合成関数の微分公式 (付録A参照) を使って dx/dt を計算して，それを (4.11) の左辺に代入する．すると，

$$C \cos\theta \cdot \frac{d\theta}{dt} = \pm \omega_0 \sqrt{C^2 - C^2 \sin^2\theta}$$

$$= \pm \omega_0 \sqrt{C^2 \cos^2\theta} = \pm \omega_0 C \cos\theta$$

両辺を共通の因数である $C \cos\theta$ で割ると，

$$\frac{d\theta}{dt} = \pm \omega_0$$

すなわち，

$$\theta = \pm \omega_0 t + \alpha$$

ただし α は積分定数である．この θ を (4.12) に代入すれば一般解である (4.6) を得る．すでに説明したように，この式の複号は取り去ってもかまわない．

一般解を得るための第1の方法を説明しよう．(4.11) の左辺を dx/dt に置き換え，変数分離のために両辺に $dt/\sqrt{C^2-x^2}$ を掛ける．C は $\sqrt{2E/k}$ である．すると，

$$\frac{dx}{\sqrt{C^2-x^2}} = \pm\,\omega_0\,dt \tag{4.13}$$

この式の両辺を積分すれば x と t の関係が求められる．

$$\int\frac{dx}{\sqrt{C^2-x^2}} = \pm\int\omega_0\,dt$$

左辺の積分は sin 関数の逆関数である $\sin^{-1}(x/C)$ である（積分公式は付録A参照）．これから，

$$\sin^{-1}\left(\frac{x}{C}\right) = \pm\,\omega_0 t + \alpha \tag{4.14}$$

となる．ただし α は積分定数である．逆関数の性質を用いて x/C を求めた後，両辺に C を掛けると，この式は次のように変形される．

$$x = C\sin(\pm\,\omega_0 t + \alpha)$$

右辺の複号は取り去ってもかまわないので，これは (4.6) に一致する．

つり下げたバネにつながれた質点

図 4.4(a) のように，バネ定数が k のバネを鉛直にぶら下げ，それに質量 m の質点をとりつけたとしよう．上下方向の座標を z とし，下向きを正の向きとする．バネが自然長の状態にあるとき，その下端を z 軸の原点に選ぶ．

まず，力のつり合いによって質点が静止しているとき，バネの伸びを z_0 としよう．z_0 は次のようにバネの復元力と重力のつり合いから決まる．

$$kz_0 = mg, \quad \text{これから} \quad z_0 = \frac{mg}{k} \tag{4.15}$$

質点が振動をしているときの位置座標 z に関する運動方程式を求めよう．質点の下向きの加速度は d^2z/dt^2 であり，質点には下向きに重力 mg，上向

72　4. 振動運動

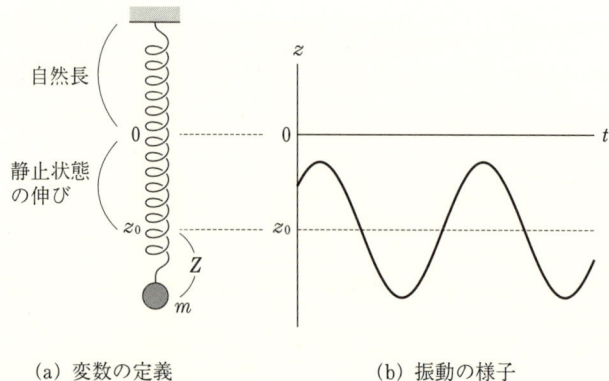

(a) 変数の定義　　　(b) 振動の様子

図 4.4　垂直なバネに取りつけた質点の振動

きに復元力 $-kz$ がはたらいているから，運動方程式は

$$m\frac{d^2z}{dt^2} = mg - kz \tag{4.16}$$

である．質点は z_0 を中心にして上下に振動するから，質点の運動状態を調べるには z よりも z_0 からのずれの量 Z の方が便利である．そこで，

$$z = z_0 + Z(t) \tag{4.17}$$

として，これを (4.16) に代入しよう．$z_0 = mg/k$ であること，z_0 は定数であるから $dz_0/dt = 0$ であることを用いると，Z に対する次の方程式を得る．

$$m\frac{d^2Z}{dt^2} = -kZ \tag{4.18}$$

これは，前に考えた運動方程式 (4.2) と全く同じ形をもつ．したがって，Z に対する解も全く同じで，次式のようになる．

$$Z = C\sin(\omega_0 t + \alpha) \tag{4.19}$$

ω_0 の定義も (4.5) と同じであり，C と α は未定定数である．これと (4.17) から z の解が次のように求められる．

$$z = z_0 + C\sin(\omega_0 t + \alpha) \tag{4.20}$$

すなわち，質点を垂直にぶら下げた配置で重力がはたらいているときは，重力の効果はつり合いの位置が z_0 だけ下にずれることだけであり，角振動数や振動周期は重力の影響を受けない．この運動の様子を図 4.4(b) に示す．

単振り子の振動

長さ l の糸で質量 m の重りをつり下げ，振り子を作ったとしよう．糸の重さは無視できるくらい小さく，伸び縮みせず，重りは小さくて質点と見なせると仮定する．このような振り子を**単振り子**とよぶ．質点は半径 l の円の上を動く．この振り子の運動を求めてみよう．

振り子の支点の真下を原点とし，質点が水平方向に動いた距離を x とする．x に対する方程式を導く前に，まず図 4.5(a) のように，振り子の鉛直方向からの振れの角度 θ（弧度法で測り，単位はラジアン）によって表すことにする．ただし，質点が右に振れたとき，$\theta > 0$ とする．

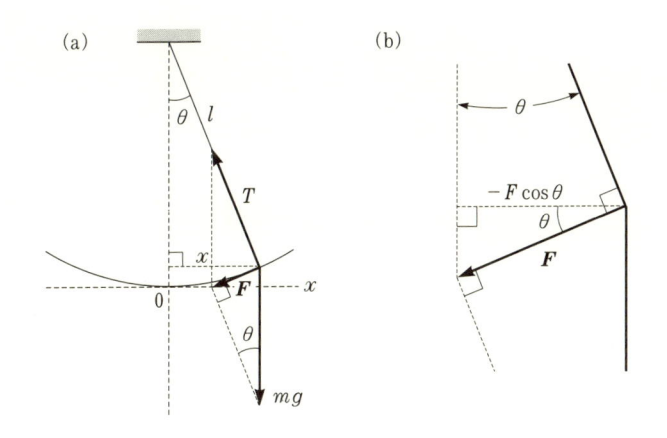

図 4.5 (a) 単振り子の質点にはたらく力，(b) F の水平成分

振り子が θ だけ振れたとき質点には 2 つの力がはたらく．1 つは，鉛直方向の重力，2 つ目は糸にはたらく張力である．これらの力の合力 F は，質点をつり合いの位置（$\theta = 0$）にもどすようにはたらく復元力であり，円周

の接線方向を向いている．すなわち，F は糸の方向と直交している．張力の大きさ T は未知量であるが，F は糸の張力の方向と直交しているので，その大きさ F は重力の大きさ mg から直接求めることができる．図(a) の下側の直角三角形において，斜辺が mg であるので，$F = mg \sin \theta$ である．一方，図(a) の中で，振り子の糸を斜辺とする直角三角形に着目すると，$\sin \theta = x/l$ となる．これから，復元力の大きさ F は，

$$F = \frac{mg}{l} x \tag{4.21}$$

となる．この力の x 成分は，図 (b) に示すように $F_x = -F \cos \theta$ である．

ここで，振り子の振幅が非常に小さい，すなわち $|\theta| \ll 1$ と仮定する．このような振動は**微小振動**とよばれる．微小振動では $\cos \theta \fallingdotseq 1$ であるから（付録 A 参照），$F_x = -(mg/l)x$ となる．

以上から，質点の運動方程式は，

$$m \frac{d^2 x}{dt^2} = -m \frac{g}{l} x \tag{4.22}$$

(4.22) は，バネ定数 k が mg/l になっている以外は，(4.2) と同じ形をもつ．したがって，(4.22) の解もやはり三角関数を用いて次のように表される．

$$x = C \sin(\omega_0 t + \alpha) \tag{4.23}$$

ただし，

$$\omega_0 = \sqrt{\frac{mg}{ml}} = \sqrt{\frac{g}{l}} \tag{4.24}$$

(4.24) から，振り子の周期は次式で与えられる．

$$T = \frac{2\pi}{\omega_0} = 2\pi \sqrt{\frac{l}{g}} \tag{4.25}$$

[**例題 4.1**] 長さ 1 m の単振り子の周期は約何秒か．月面上では重力が地球上の約 1/6 である．月面上ではこの単振り子の周期は何秒になるか．

[解] (4.25)から周期は,

$$T = 2\pi\sqrt{\frac{l}{g}} = 2\pi\sqrt{\frac{1}{9.8}} \fallingdotseq 2.0 \text{ (秒)}$$

月面上の重力は, $g = 9.8/6 = 1.63$ になる. これを(4.25)に代入して, 周期は

$$T = 2\pi\sqrt{\frac{1}{1.63}} = 4.9 \text{ (秒)}$$

となる.

静振

湖の水面が振動を始めることがある. 湖の水が片方に寄ってくるとそこの水面が上昇するので, 重力によって元に押し返す作用が生じる. それによって水がもどると, 勢いがついて行き過ぎる. すると反対側の水面が上昇し, 逆に押し返す作用が生じる. こうして水が振り子のように振動することになる.

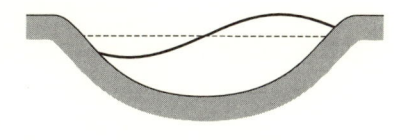

湖のサイズを L とすると, この振動周期は $2\pi\sqrt{L/g}$ の程度である. この式は長さ L の単振り子の周期の公式 (4.24) とよく似ていることを注意しておこう. 琵琶湖を例にとってこの周期を求めてみよう. 琵琶湖は東北—西南の方向に細長く, 長さは約 50 km である. そこで, $L = 50000 \text{ m}$, $g = 10$ と仮定すると, 周期は

$$2\pi\sqrt{\frac{L}{g}} = 2\pi\sqrt{5000} \fallingdotseq 440 \quad \text{(秒)}$$

となる. すなわち, 周期 7 分程度のゆっくりした振動が起きる可能性がある. そのためにこの振動は**静振**とよばれる. この程度にゆっくりしていると, 水面が振動していることに気がつかないことがある. 静振に気がつかずに水辺で釣りを始め, 突然押し寄せた水のためにおぼれてしまうこともあるそうである.

§4.2 減衰振動

減衰の効果

われわれの日常経験によれば，空気中で振り子を振らせると振動の振幅がだんだん減少していき，終には止まってしまう．これは，重りの周囲の空気と重りの間の粘性摩擦によって運動の勢いが弱められるからである．このように，勢いを弱めながら持続する振動を**減衰振動**とよぶ．

§3.3 で導入したように，粘性摩擦によって重りに**粘性抵抗**がはたらく．(3.12) の k をここでは $2h$ と表すことにする．因数の 2 をわざわざつけた理由は，結果として得られる解が簡単になるからである

バネ定数が k のバネにつながれた質量 m の質点に $-2hv = -2h\,dx/dt$ の粘性抵抗がはたらいていると，この質点の運動方程式は，

$$m\frac{d^2x}{dt^2} = -kx - 2h\frac{dx}{dt} \tag{4.26}$$

となる．両辺を m で割り，右辺を左辺に移項すると，

$$\frac{d^2x}{dt^2} + 2\gamma\frac{dx}{dt} + \omega_0^2 x = 0 \tag{4.27}$$

ただし， $\gamma = \dfrac{h}{m}, \quad \omega_0^2 = \dfrac{k}{m}$

(4.27) を厳密に解く方法は後で説明することにし，ここでは次のような仮定を置いて解を求めてみよう．いま，減衰が弱く，(4.27) の中の γ が非常に小さいと仮定しよう．このとき，図 4.6 に示すように，質点はほとんど

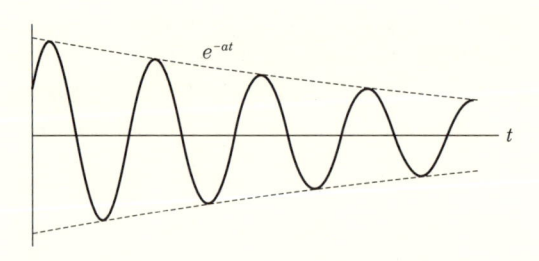

図 4.6 減衰が非常に弱い場合の振動．点線は振幅の変化．

§4.2 減衰振動

単振動のような運動をし，振幅が少しずつ減少していくであろう．第2章で，粘性抵抗をともなって物体が落下するとき，速度が t の指数関数で表されることを学んだ．ここでも，振幅がやはり指数関数 e^{-at} に比例して減少すると仮定しよう．振幅の減少は非常に遅いので，指数関数の肩にある定数 a も非常に小さい量である．

このとき x は次の式で与えられる．

$$x = Ce^{-at}\sin(\omega_0 t + \alpha) \tag{4.28}$$

(4.28) を (4.27) に代入し，関数の積の微分に関する公式を適用する（付録A参照）．その際，いくつかの項に γa や a^2 という係数が現れる．これらは微小な量同士の積であり，さらに小さいので0とみなす．すると (4.27) は次のようになる．

$$Aa^2 e^{-at}\sin(\omega_0 t + \alpha) - 2A\omega_0 a e^{-at}\cos(\omega_0 t + \alpha)$$
$$- A\omega_0^2 e^{-at}\sin(\omega_0 t + \alpha)$$
$$+ 2\gamma\{-Aae^{-at}\sin(\omega_0 t + \alpha) + A\omega_0 e^{-at}\cos(\omega_0 t + \alpha)\}$$
$$+ \omega_0^2 A e^{-at}\sin(\omega_0 t + \alpha)$$
$$\cong -2A\omega_0 a e^{-at}\cos(\omega_0 t + \alpha) + 2\gamma A\omega_0 e^{-at}\cos(\omega_0 t + \alpha) = 0$$

ただし，$\cong$ は大体等しいことを示す記号である．この最後の等号が成り立つためには，

$$a = \gamma$$

であることが必要である．結局，減衰の効果が非常に小さい場合の解は，

$$x = Ae^{-\gamma t}\sin(\omega_0 t + \alpha) \tag{4.29}$$

となる．この解の振舞は図4.6に示した通りである．

ここで γ の意味を考えてみよう．(4.29) が示すように，時間が0から γ^{-1} まで経過すると振幅は $e^{-1}(\cong 1/2.718)$ 倍になる．したがって，γ^{-1} は第3章で導入した緩和時間という意味をもつのである．

ここでは，方程式を厳密に解いたのではなく，微小な量を無視しながら大

体正しい解を求めた．このような解を**近似解**とよぶ．単振り子に対する解 (4.23) も微小振動を仮定して求めた近似解であった．近似解を求めるということは力学に限らず多くの自然科学の分野で行われている．その際，数式の両辺が大体等しいとき記号 $\cong$ を用い，その式を**近似式**とよぶ．なお，数値同士が大体等しいときには $\fallingdotseq$ という記号を用いる場合が多い．

［**例題 4.2**］ 近似解 (4.29) を用いて，10 回振動する間に振幅が何倍になるかを求めよ．

［**解**］ 周期は $T = 2\pi/\omega_0$ であるから 10 回振動する時間は $t = 20\pi/\omega_0$ である．(4.29) から，初期 ($t = 0$) の振幅 A と，$t = 20\pi/\omega_0$ における振幅 $A e^{-\gamma t}$ との比は

$$e^{-\gamma t} = e^{-20\pi\gamma/\omega_0} \quad (倍)$$

となる．これが求める比である．

減衰振動の厳密な解

減衰振動の方程式 (4.27) の厳密な解を求めるにはどうしたらよいだろうか．(4.29) の結果を参考にして x を次のように置いてみよう．

$$x = e^{-\gamma t} f(t) \tag{4.30}$$

$f(t)$ は未知の関数であり，これから求めるものである．(4.30) を (4.27) に代入すると

$$\gamma^2 e^{-\gamma t} f(t) - 2\gamma e^{-\gamma t} \frac{df}{dt} + e^{-\gamma t} \frac{d^2 f}{dt^2}$$

$$+ 2\gamma \left\{ -\gamma e^{-\gamma t} f(t) + e^{-\gamma t} \frac{df}{dt} \right\} + \omega_0^2 e^{-at} f(t) = 0$$

これから，多少の計算の後，f に対する次の式を得る．

$$\frac{d^2 f}{dt^2} + (\omega_0^2 - \gamma^2) f = 0 \tag{4.31}$$

この式から，(4.30) の変数変換は実は (4.27) の第 2 項を消去することが目的であったことがわかるであろう．結果として，単振動の方程式 (4.2) とよく似た方程式が得られたことになる．

(4.2) と (4.31) とで大きく違う点は，これらの第2項の係数が (4.2) では ω_0^2 であり必ず正であるのに対し，(4.31) では ω_0^2 と γ^2 の比較によって正にも負にも0にもなることである．そこで，これら3つの場合に分けて解を求めることにする．

1. $\omega_0^2 - \gamma^2 > 0$ の場合

数式表現を簡単にするために，
$$\omega_1^2 = \omega_0^2 - \gamma^2 \tag{4.32}$$
と書くことにする．これを (4.31) に代入すると，ω_0 が ω_1 になっていること以外は (4.3) と同じ形の方程式になる．したがって，その解も (4.6) で ω_0 を ω_1 に置き換えたもので与えられる．結局，この場合の解は次式のようになる．
$$x = Ae^{-\gamma t} \sin(\omega_1 t + \alpha) \tag{4.33}$$
この解を図示するとやはり図4.6のようになる．

2. $\omega_0^2 - \gamma^2 < 0$ の場合

この場合は，(4.32) の代りに，
$$\sigma^2 = \gamma^2 - \omega_0^2 \tag{4.34}$$
と置く．すると，(4.31) は
$$\frac{d^2 f}{dt^2} - \sigma^2 f = 0 \tag{4.35}$$
となる．

(4.35) は，単振動の方程式の解法と同じように，両辺に df/dt を掛けて積分することにより解くことができる．しかし，ここでは指数関数の微分の公式（付録A参照），
$$\frac{d}{dt} e^{at} = a\, e^{at}$$
を用いて簡単な方法で解くことにする．$f = A e^{at}$ と置いて (4.35) に代入すると，
$$Aa^2 e^{at} - A\sigma^2 e^{at} = 0$$
これから，

$$a^2 = \sigma^2, \quad \text{すなわち} \quad a = \pm \sigma$$

となる.ただし,係数 A には制限は生じない.

a の値に2通りあることから,f の解としては,

$$f_+ = A_+ e^{\sigma t}, \qquad f_- = A_- e^{-\sigma t}$$

の両方が可能である.すなわち,これらのどちらも (4.35) を満たす.このとき,これらの和

$$f = A_+ e^{\sigma t} + A_- e^{-\sigma t}$$

もやはり (4.35) を満たすことが直接代入してみて確かめられる(付録 C 参照).この式と (4.30) から x に対する解は次のようになる.

$$\begin{aligned} x &= e^{-\gamma t}(A_+ e^{\sigma t} + A_- e^{-\sigma t}) \\ &= A_+ e^{-(\gamma - \sigma)t} + A_- e^{-(\gamma + \sigma)t} \end{aligned} \tag{4.36}$$

ここで,(4.36) の第1項と第2項に含まれる指数関数の挙動を調べておこう.t の前の係数は,それぞれ

$$-(\gamma - \sigma) = -(\gamma - \sqrt{\gamma^2 - \omega_0^2}) < 0$$
$$-(\gamma + \sigma) = -(\gamma + \sqrt{\gamma^2 - \omega_0^2}) < 0$$

であり,互いに異なる負の数である.すなわち,(4.36) は,図 4.7(a) に示すように,異なる速さで 0 に近づいていく 2 つの指数関数の重ね合せである.

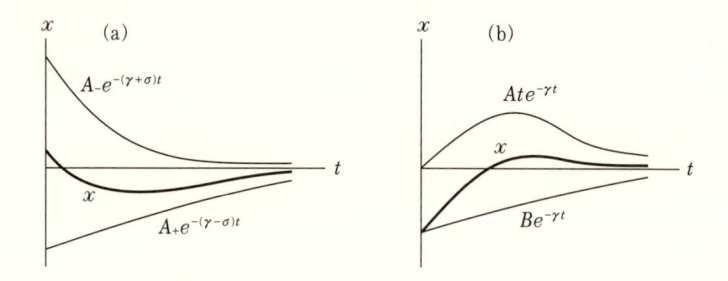

図 4.7 粘性抵抗が強く,振動しないで減衰する運動
 (a) $\omega_0^2 - \gamma^2 < 0$.この図は $A_+ < 0, A_- > 0$ の場合
 (b) $\omega_0^2 - \gamma^2 = 0$.この図は $A > 0, B < 0$ の場合

(4.36) には A_+, A_- という2個の未定定数が含まれているので,これは2階の

微分方程式（4.27）の一般解である．位置と速度に対して，この解を用いてその後の運動を表すことができるのである．

3. $\omega_0^2 - \gamma^2 = 0$ の場合

この場合は，(4.31) は次のような方程式になる．

$$\frac{d^2 f}{dt^2} = 0$$

この方程式の解は，両辺を 2 回積分することにより，

$$f = At + B$$

となる．これと (4.30) から，x に対する一般解は，

$$x = e^{-\gamma t}(At + B) \tag{4.37}$$

この解の様子を，図(b)に示す．

§4.3　強制振動

強制振動とは何か

バネにつながれた物体や振り子の重りに，復元力のほかに強さが変動するような力を外から加えたとき，物体はその力に影響されて特異な振動を行

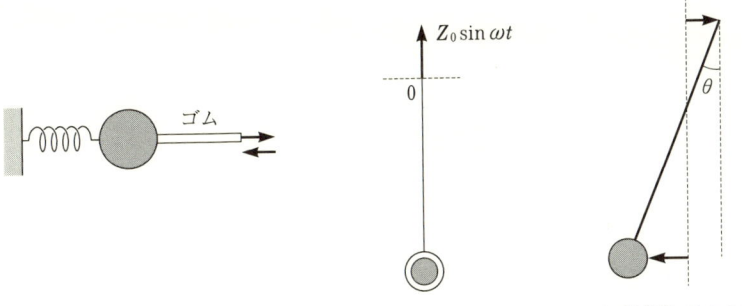

(a) 物体にゴムをつなぎ，他端を左右に動かす．
(b) ゴムヨーヨーの上端を上下に動かす．
(c) 単振り子の上端を水平に動かす．

図 4.8　強制力の例

う．この運動を**強制振動**とよび，そのとき外から加えられる力を**強制力**とよぶ．強制力の実例をいくつか図 4.8 に示そう．

(a) のように，物体に弱いゴムをつなぎ，その他端を一定の周期で左右に動かすとしよう．ゴムによって物体に振動する外力 F が加わる．

(b) のように，ゴムヨーヨーの上端を上下に動かすとしよう．ゴムのバネ定数を k とする．上端の位置を $Z_0 \sin \omega t$ とすると，手を動かさない場合に比べてゴムは $Z_0 \sin \omega t$ だけ余分に伸びているので，下の重りには，

$$F = k Z_0 \sin \omega t \tag{4.38}$$

だけ余分の復元力が加えられることになる．これが強制力のはたらきをしている．

(c) のように，単振り子の上端を水平に単振動させる．上端の移動があるとそれだけ糸は余分に傾くので，余分の復元力が生じる．これが強制力のはたらきをすることになる．

以上で示した強制力は，すべて三角関数で表される変動をしていると考えてよい．以下では強制力を $F_0 \sin \omega t$ と表すことにする．

減衰のない強制振動の解

バネ定数 k のバネにつながれた質量 m の質点に強制力 $F_0 \sin \omega t$ が加えられ，x 軸上で振動しているとしよう．運動方程式は (4.2) に強制力を追加した次のような式になる．

$$m \frac{d^2 x}{dt^2} = -kx + F_0 \sin \omega t \tag{4.39}$$

この式の両辺を m で割り，右辺第 1 項を左辺に移項し，$k/m = \omega_0^2$，$F_0/m = f_0$ という置き換えを行うと次の式を得る．

$$\frac{d^2 x}{dt^2} + \omega_0^2 x = f_0 \sin \omega t \tag{4.40}$$

強制振動の性格を理解するには，この微分方程式の特解を求めれば十分で

ある．特解は方程式を満たす t の関数であればよく，未定定数を含まなくてよい．そこで，(4.40) を満たす解を次の方法で見つけることにする．

強制力が角振動数 ω で振動することから，それによって生じる質点の振動もやはり同じ角振動数 ω で振動すると予想される．そこで，x を次のような形に仮定しよう．

$$x = A \sin \omega t \tag{4.41}$$

A はこれから決定するべき振幅である．(4.41) を (4.40) に代入すると，

$$-\omega^2 A \sin \omega t + \omega_0^2 A \sin \omega t = f_0 \sin \omega t$$

この式の両辺を $\sin \omega t$ で割ると，特解の振幅 A が次のように求められる．

$$A = \frac{f_0}{\omega_0^2 - \omega^2} \tag{4.42}$$

図 4.9(a) は $f_0 > 0$ の場合について，ω を横軸にとり A をグラフに表したものである（$f_0 < 0$ の場合はこのグラフを上下反転させればよい）．図 (b) は A の絶対値を示したものである．この図からわかるように，強制力の角振動数 ω が固有角振動数 ω_0 に近づくと，A の絶対値は非常に大きくな

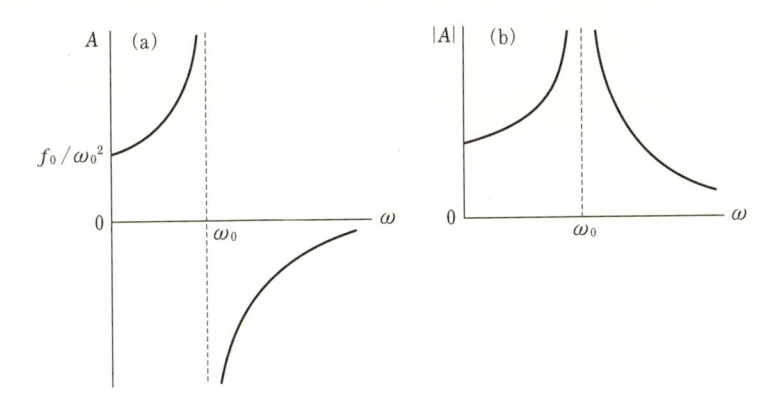

図 4.9 強制振動における，振幅と，強制力の角振動数 ω との関係．$f_0 > 0$ の場合．(a) A，(b) A の絶対値．

る．この現象は**共鳴**あるいは**共振**とよばれる．

[**例題 4.3**] バネ定数 $10\,\mathrm{N/m}$ のバネに質量 $0.1\,\mathrm{kg}$ の質点を鉛直につるし，バネの上端を振幅 $0.01\,\mathrm{m}$，角振動数 $12\,\mathrm{rad/s}$ で上下に振動させるとき，質点の振動の振幅はいくらになるか．ただし，粘性抵抗はないものとする．

[**解**] 固有角振動数は，(4.5) から $\omega_0 = \sqrt{k/m} = \sqrt{10/0.1} = 10\,\mathrm{(rad/s)}$ である．強制力の振幅は，(4.38) 式から $F_0 = (\text{上端の振幅}) \times k = 0.01 \times 10 = 0.1\,\mathrm{N}$．これから

$$f_0 = \frac{F_0}{m} = \frac{0.1}{0.1} = 1.0$$

強制振動の振幅は，(4.42) にこれらの値を代入して

$$\left|\frac{1.0}{10^2 - 12^2}\right| \fallingdotseq 0.023\,\mathrm{(m)}$$

次に，A の符号に着目しよう．$f_0 > 0$ の場合，$\omega < \omega_0$ では A は正であり，$\omega > \omega_0$ では A は負になる．言い換えれば，A と f_0 とは $\omega < \omega_0$ では同符号，$\omega > \omega_0$ では異符号ということである．この事情は，図 4.10 のイラストに示すように，ゴムヨーヨーの上端をいろいろな周期で上下に動かしてみることにより確認できるであろう．

(a) $\omega < \omega_0$ では同じ向き (b) $\omega > \omega_0$ では逆向き

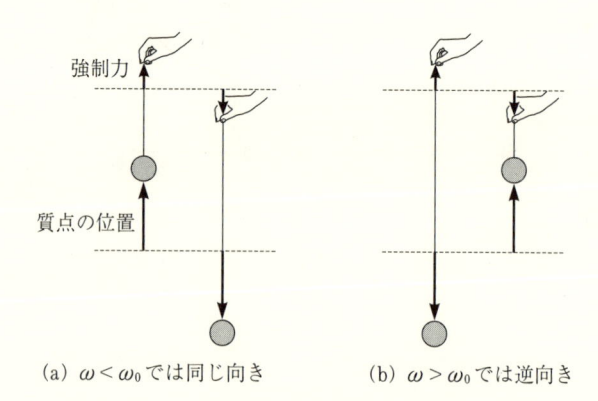

図 4.10 強制力と質点の位置の関係

§4.3 強制振動　85

　上に述べた強制振動では，完全な共鳴条件が成り立つとき（$\omega = \omega_0$），振幅 A が無限大になる．しかし，無限大という非現実的な現象は生じるはずがない．現実の運動では周囲の空気による粘性抵抗などの力が必ず存在するので，それによって無限大の振幅が回避できるのである．

　ところで，静止状態を初期条件として，共鳴条件を満たす外力を加えつづけたらどうなるだろうか．このとき，振幅が時間に比例して増大するような振動が生じる．しかし，実際には粘性抵抗などのために一定の振幅の振動に落ち着く（演習問題［7］参照）．

減衰をともなう強制振動

　粘性抵抗と強制力がともにはたらくときの振動の様子を調べてみよう．運動方程式は，減衰振動の方程式（4.27）の左辺に強制力 $f_0 \sin \omega t$ を追加した次式である．

$$\frac{d^2 x}{dt^2} + 2\gamma \frac{dx}{dt} + \omega_0^2 x = f_0 \sin \omega t \tag{4.43}$$

減衰がない場合の特解（4.41）は（4.43）を満たすことができない．なぜなら，（4.41）を代入したとき（4.43）の第2項だけが $\cos \omega t$ になり，それとつり合う項が他に無いからである．

　そこで，次のように sin 関数の変数を定数 δ だけずらしておけば，うまくいくことがわかる．

$$x = A \sin(\omega t - \delta) \tag{4.44}$$

sin 関数の加法定理によって x には $\sin \omega t$ と $\cos \omega t$ の両方が含まれるので，（4.43）に（4.44）を代入すると，方程式は $\sin \omega t$ に比例する部分と $\cos \omega t$ に比例する部分から成る．それぞれの部分が独立に成り立つように A と δ を決めればよい．途中の計算は省略し，結果だけを以下に示そう．

$$|A| = \frac{f_0}{\sqrt{(\omega_0^2 - \omega^2)^2 + (2\gamma \omega)^2}}, \qquad \tan \delta = \frac{2\gamma \omega}{\omega_0^2 - \omega^2} \tag{4.45}$$

ただし，$f_0 > 0$ と仮定してある．

　図 4.11 は ω を横軸にとって X と δ の変化を示したものである．その様子は減衰の強さを表す γ の値によって大きく異なる．(a) に示すように，γ が比較的小さ

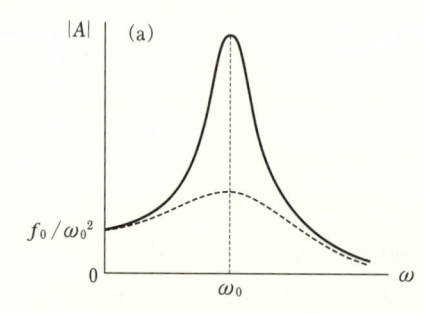

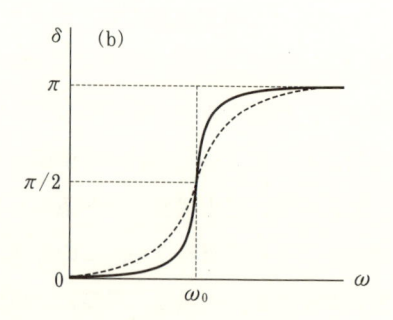

図 4.11 減衰のある強制振動における，振幅(a)と位相のずれ(b)
実線：γ が小さい場合，破線：γ が大きい場合．

い場合は（実線）$\omega_0 \fallingdotseq \omega$ のあたりで $|A|$ が最大になる．この事情はやはり**共鳴**とよばれる．一方，γ が大きい場合は（点線）強い共鳴は生じない．δ は，(b) に示すように ω が ω_0 を超えるとき 0 から π へ変化する．これは，(4.44) で sin 関数の位相が π だけ変化し，そのために A の符号が $+$ から $-$ へ変化することを意味

自動車のサスペンション

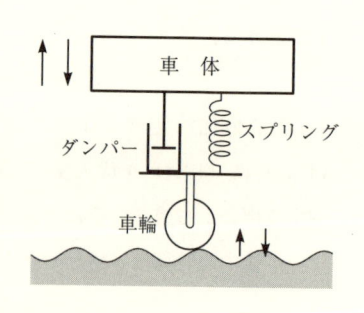

　自動車の車輪と車体の間にあって，車体をささえる役目をする部分をサスペンションとよんでいる．サスペンションは，図に示すように，ダンパーとスプリングからなる．ダンパーは減衰の効果，スプリングは復元力の効果をもち，それらが車体に上下方向の力を与えている．なお，車輪が凹凸のある道路を走行すると，車輪の上下運動が車体に強制力を与えることになる．以上から，サスペンションのシステムは減衰をともなう強制振動であるということがわかるであろう．
　もし図 4.11 に示したような鋭い共鳴が存在すると大きな揺れが生じるので，自動車の乗り心地は悪くなる．ダンパーは減衰を強くして共鳴を押さえるはたらきをするものである．

する．これは，図 4.9(a) に示した A が $\omega = \omega_0$ で符号を変えることに対応する．

§4.4 その他の振動運動

現実に現れる振動現象には，いままでに見てきた振動とは性質の異なるものもある．日常生活で見られるそれらの例を以下に 2 つほど紹介しよう．

摩擦振動

物体同士を接触させてこすると，ギーという音が出たり，がたがた振動を始めたりすることがある．この振動が起きる仕組は何だろうか．

この仕組を理解するために，図 4.12(a) のように一定の速度 v で動くベルトに乗っている質量 m の物体の動きを考えてみよう．物体にはバネ定数 k のバネがつながれている．現実には，ベルトとの間に動摩擦力や静止摩擦がはたらく．ただし，動摩擦力は最大静止摩擦力に比べて小さい場合が多いので，ここでは動摩擦力は 0 と仮定する．ベルトの進行方向に x 軸をとり，バネの自然長の位置を $x = 0$ とする．物体の位置の変動を表したのが図 (b) である．

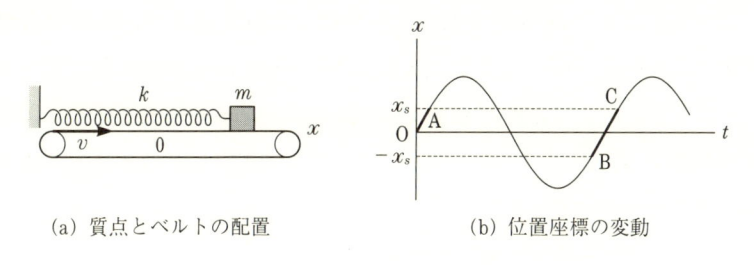

(a) 質点とベルトの配置　　(b) 位置座標の変動

図 4.12 摩擦振動の仕組

この物体はベルトの間に摩擦がなければ固有角振動数 $\omega_0 = \sqrt{k/m}$ で単振動する．ところで，単振動の途中で x の正方向へ向かう瞬間，すなわち図 (b) の OA 間や BC 間で，物体の速度がベルトの速度に等しくなったとしよう．するとベルトと物体の間にすべりがなくなり，突然静止摩擦がはたらき始める．その後は物体はベルトに引かれて x の正方向へ動く．しかし，こ

の動きが続くとバネが伸びすぎるので,復元力のためにA点やC点($x = x_s$)ですべりが始まり,物体は単振動にもどる.実際には単振動の間に粘性摩擦や動摩擦のために振動の勢いが弱まっていくが,ベルトとの静止摩擦があるおかげで物体は振動を持続するのである.

このように,静止摩擦があることにより起きる振動を**摩擦振動**とよんでいる.摩擦振動の例は日常生活でしばしば見られる.たとえば,古いドアがきしむのはちょうつがいの中で摩擦振動が起きているためである.バイオリンで音を出す仕組も摩擦振動である.このときは,バイオリンの弓が図(a)のベルトに対応し,バイオリンの弦が物体に対応する.風の中で電線が鳴るのも一種の摩擦振動と見なしてよい.

パラメーター振動

ブランコに乗って振れを大きくすることをブランコをこぐという.ブランコの振れが大きくなる仕組は何だろうか.この仕組は強制振動とは異なる.自分でこぐ場合は外からの強制力が存在しないからである.

ここで,ブランコをこぐときわれわれが何をしているか思い出してみよう.立ってこぐときはひざを曲げたり伸ばしたりするので,体の重心が上下運動をしている.座ってこぐときも上半身を立てたり後ろに反らしたりして,やはり重心の上下運動が起きている.そこで,重心の上下運動によって振れが増加する仕組を,つぎのようにフィギュアスケートのスピンの類推で理解することにしよう.

フィギュアスケートでスピンを始めたスケーターは,広げた手を徐々に縮めていくことにより回転を速める.一般に,回転が起きているとき,質量をもつ部分が回転中心に近づくと回転が速まり,遠ざかると回転が遅くなる.さて,ブランコをこぐとき体の重心は図4.13(a)のような軌道を描いて振動している.このとき,AB間とCD間では重心が回転中心に近づいているので回転が速まり,これが振れを大きくする.一方,BC間とDA間では重心が回転中心から遠ざかっているので回転は弱まる.しかし,これらの間はブ

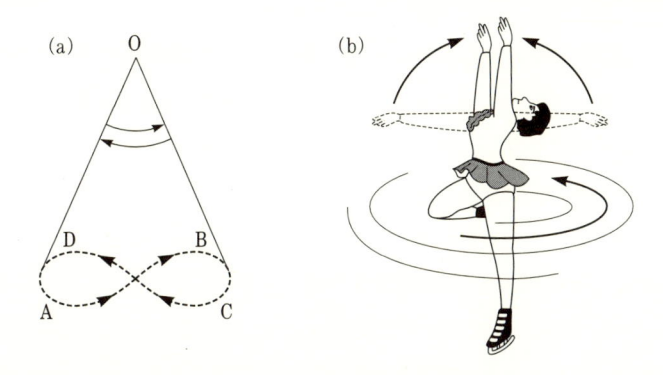

図 4.13 (a) ブランコをこぐときの体の重心の軌道．AB間とCD間では，重心と支点Oの距離が縮まり，BC間とDA間では，距離が伸びている．
(b) フィギュアスケーターのスピンの加速．

ランコが端まで振れた瞬間なので回転がほとんど止まっている．したがって，弱まるといってもその効果は無視できる．こうして，1回往復するたびにブランコの振れは増加するのである．

　ブランコを単振り子と比べてみると，単振動では糸の長さ l が一定であるのに対して，ブランコでは重心の上下運動によって l が変動していることになる．このように，本来は定数であったパラメーターが変動することによって起きる振動を一般に**パラメーター振動**とよぶ．パラメーター振動の特徴は，振動の1周期の間にパラメーターの変動（たとえば，重心の上下運動）が2回起きることである．

　[例題4.4] 次の振動は第4章に出てきた振動のどれに当るか．理由をつけて答えよ．
　　（1）棒状の電磁石に交流を流してパチンコ球に近づけると，球が振動した．
　　（2）鉛直方向に揺れる地震が起きたとき，シャンデリアが横に揺れていた．
　　（3）チョークを黒板につけて動かすと，チョークが振動して点線が描

(4) ギターの弦をはじいたとき，数秒間は余韻が残りやがて消えた．

(5) コップを耳にかぶせると，継続するかすかな音が聞こえた．

[解] (1) 交流を流した電磁石は，鉄に対して振動する力をおよぼす．したがって，パチンコ玉の振動は強制振動である．

(2) 天井が鉛直方向に揺れると，シャンデリア（振り子の重り）にはたらく重力が振動することになる（この事情は第7章でくわしく学ぶ．ここでは直感的に理解してほしい）．通常は一定値を保つ重力加速度 g が振動する場合なので，シャンデリアの揺れはパラメーター振動である．

(3) チョークの一方向の動き，およびチョークと黒板の間の静止摩擦によって起きるので，これは摩擦運動である．

(4) 空気の粘性抵抗により弦の振動が減衰するので，これは減衰振動である．

(5) コップの中の空気が継続して振動している．これは，コップの外側の音波が強制力のはたらきをしているために起きるので，強制振動である．

演習問題

[1] バネ定数 k のバネにつないだ質量 m の質点を a だけ伸ばして静止させ，時刻 $t=0$ でそっと離した．その後の質点の運動を求めよ．また，$t=0$ につり合いの位置 ($x=0$) から，物体を速度 v_0 で動かした．その後の運動を求めよ．

[2] 図のように，バネ定数 k の2本のバネで両側の壁につながれた質量 m の質点の運動を求めよ．まず，バネの方向に質点が x だけ移動したとき，復元力がいくらになるか考えよ．x に対する方程式を書き，その解を求めよ．

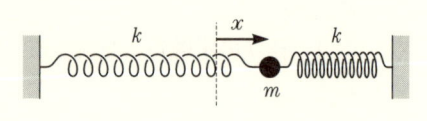

演習問題　91

[3] 質量 m の質点をつけた長さ l の単振り子を静かにつるし，質点に水平方向に強さ P の撃力を与えた．その後，単振り子の振動を求めよ．単振り子の解としては (4.23) を用い，撃力の強さから初期条件を決定せよ．

[4] バネ定数 $10\,\mathrm{N/m}$ のバネに質量 $0.1\,\mathrm{kg}$ の質点をつなぎ，振動させたとしよう．質点には，大きさ $0.1v\,(\mathrm{N})$ の粘性抵抗がはたらく（v は質点の速度）とする．(4.29) を用いて質点の位置座標を時間の関数として求めよ．

[5] 粘っこい流体中でバネ定数 k のバネに質量 m，半径 a の球をつなぎ，つり合いの位置から x_0 だけずらして静止状態で離した．そのとき，球はつり合いの位置にゆっくり近づくだけで振動は始まらなかった．この球には (3.13) で与えられる粘性抵抗がはたらくとする．このとき，粘性率 η の値はいくら以上であったか．η の値が振動が起きない限界の値のとき，位置の時間変化を求めよ．

[6] バネ定数 $0.4\,\mathrm{N/m}$ のゴムに，$0.1\,\mathrm{kg}$ の重りをつないだゴムヨーヨーがある．その上端を上下に振幅 $0.05\,\mathrm{m}$，周期 3 秒で振動させた．重りの振動の振幅はいくらになるか．

[7] $t=0$ まで静止していた質点に，$t=0$ から関数 $f_0 \cos(\omega_0 t)$ で表される外力がはたらき始めた．質点は運動方程式 $d^2x/dt^2 + \omega_0^2 x = f_0 \cos(\omega_0 t)$ にしたがうとする（共鳴条件を満たす）．その結果，振幅 A が時間に比例して増大し，$x = at\sin(\omega_0 t + \alpha)$（$a$ は定数）と表されるとする．これを運動方程式に代入することにより $x(t)$ を求めよ．

[8] 質点が弱い減衰をともなって強制振動をしているとする．振幅の公式 (4.45) において，共鳴条件を満たす場合の振幅 X_m を求めよ．角振動数が $\omega = \omega_0 + \Delta\omega$ のとき振幅が $0.5X_m$ になったとする．$\Delta\omega$ が γ に比例することを示せ．ただし，$\Delta\omega$ と γ は微小とする．（$\Delta\omega$ の 2 倍を**半値幅**とよぶ．）

[9] 図 4.12 に示した摩擦振動は，ベルトの速度 v が大き過ぎると直線と単振動の曲線が接することがないので起こりえない．この摩擦振動が起きるために必要な，v，単振動の固有角振動数 ω_0，単振動の振幅 A の間の関係を求めよ．

5 仕事とエネルギー

　エネルギーという言葉はほとんど毎日のように新聞やテレビに登場する．そこではエネルギーという概念は，現在や未来に大きな影響をあたえる社会問題として認識されている．しかし，この言葉はもともとは力学で提唱された概念である．この概念を，熱エネルギー，化学エネルギー，電気エネルギー，質量エネルギーなどに拡張して一般化したものが，社会問題で論じられるエネルギーである．したがって，エネルギー問題を基本的に理解するにはまず力学的なエネルギーから入るのがよい．

　エネルギーの語源はギリシャ語の $ενεργεια$（エネルゲイア）である．これは「仕事をする能力」を意味する．日常生活で仕事というといろいろな意味が含まれ，かなりあいまいな概念である．一方，力学では，仕事に対して日常的な意味とは異なる特定の定義を与えている．たとえば，重い荷物を持って立ち続けているとき，体は疲れるのでいかにも仕事をしたと実感する．しかし，このときは力学的には仕事をしていない．したがって，エネルギーを学ぶには仕事の定義からはじめるのがよいであろう．

§5.1　仕事とは何か

仕事の定義

　図 5.1(a) に示すように，物体に一定の大きさ F の力を加えて力の方向に x だけ動かしたとしよう．このとき F と x の積を**仕事**とよぶ．仕事を W で表すと (Work の頭文字)，

$$W = Fx \tag{5.1}$$

§5.1 仕事とは何か 93

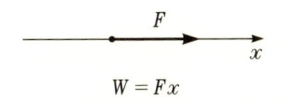

(a) 一直線上の移動の場合 $W = Fx$

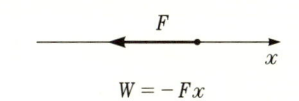

(b) 力の方向と移動方向が逆の場合 $W = -Fx$

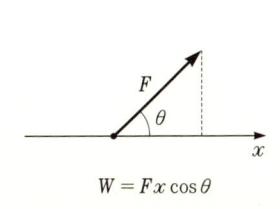

(c) 力の方向と移動方向が異なる場合 $W = Fx\cos\theta$

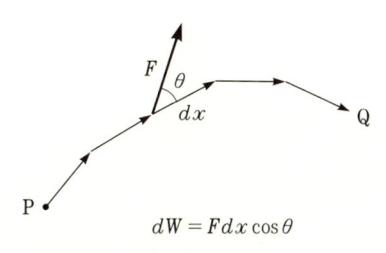

(d) 一般的に，力の向きや大きさが変動し，物体が曲線上を移動する場合 $dW = Fdx\cos\theta$

図5.1 仕事の定義（各図の下に，力がした仕事が示してある）

このとき，「この力は（あるいは力をおよぼした側は）物体に対して W の仕事をした」と表現する．

図(b) のように，物体にはたらく力と移動方向が逆の場合は W は負の値であり，$W = -Fx$ と定義する．このとき力は $-Fx$ の仕事をしたと考える．このとき，力をおよぼした側は Fx の仕事をされたことになる．以上から，仕事は正負のどちらにもなりうることがわかる．

図(c) のように力と移動の方向が異なるときは，力と移動距離をベクトルと見なさなければならない．それらの間の角度を θ とすると，移動方向に射影した成分である $F\cos\theta$ が $Fx\cos\theta$ だけの仕事をしていると考える．第1章の (1.9) を参照すると，これは2つのベクトル $\boldsymbol{F}$ と $\boldsymbol{x}$ の内積であることがわかる．すなわち，

$$W = Fx\cos\theta = \boldsymbol{F}\cdot\boldsymbol{x} \tag{5.2}$$

この定義によれば，$\theta = 0, \pi$ のとき，それぞれ図 (a)，(b) と一致することがわかるだろう．また，力と移動方向が直交しているときは ($\theta = \pi/2$)

$W=0$,すなわち物体は仕事をされていない.

力のベクトルが場所によって変化する場合,あるいは物体が曲線にそって移動する場合は,単に $\boldsymbol{F}$ と $\boldsymbol{x}$ の内積で仕事を表すことはできない.そのときは,図 (d) に示すように物体の移動経路を短い区間に分け,各区間での仕事 (dW と表す) を求めそれらを合計すればよい.各区間での移動を表すベクトルを $d\boldsymbol{x}$ と表すと,

$$W = \sum dW = \sum F\, dx \cos\theta = \sum \boldsymbol{F}\cdot d\boldsymbol{x} \tag{5.3}$$

この式の $\sum$ を積分記号 $\int$ に置き換えてよいので,仕事は次のような積分で表されることになる.なお,積分記号には上限と下限を付加することができる.ここでは経路の起点を P,終点を Q と書くことにする.

$$W_{\mathrm{PQ}} = \int_{\mathrm{P}}^{\mathrm{Q}} dW = \int_{\mathrm{P}}^{\mathrm{Q}} F\, dx \cos\theta = \int_{\mathrm{P}}^{\mathrm{Q}} \boldsymbol{F}\cdot d\boldsymbol{x} \tag{5.4}$$

これが,物体が P 点から Q 点まで移動したとき,力 $\boldsymbol{F}$ がした仕事 W_{PQ} の一般的な定義である.$d\boldsymbol{x}$ は**線要素ベクトル**とよばれる.

(5.4) の右辺は P,Q の 2 点をつなぐ経路にそって内積 $\boldsymbol{F}\cdot d\boldsymbol{x}$ を積分したものであり,**経路積分**とよばれる.積分というと関数 $f(x)$ の x による積分を想像するであろう.そのような積分に慣れていると経路積分はなかなか理解しにくい.経路積分とは (5.3) で表される和であると考えておけばよいのである.以下では,仕事の計算例をいくつか示すことにする.

重力場のもとでの仕事

図 5.2(a) のように,上向きに z 軸をとり,地上を $z=0$ とする.高さ $z_0 + h$ のところにある質量 m の物体が重力によって高さ z_0 まで高度差 h だけ降りてくるとき,重力がする仕事を考えてみよう.物体にはたらく重力と移動方向とはともに下向きである.したがって,重力がする仕事は mgh である.

この計算を,力の符号も考えながら (5.4) を用いて計算してみよう.z

§5.1 仕事とは何か 95

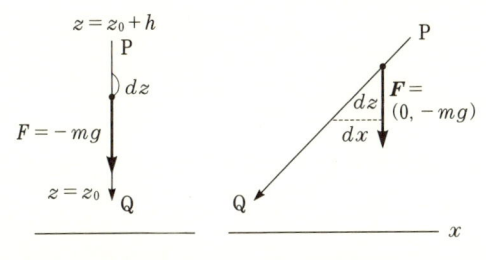

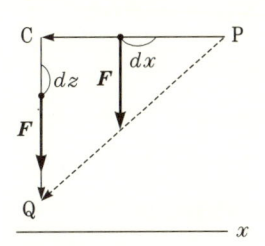

(a) 鉛直に動かす．　　(b) 斜めに動かす．　　(c) 経路PQを，水平な経路PCと鉛直な経路CQの組合せにする．

図5.2 重力場のもとでの仕事の計算例

軸上向きを正にとると力 F は $-mg$ であり，移動の線要素 dz も負である．したがって，それらの積は正になるので仕事も正になるはずである．ところで，(5.4) を適用すると，

$$W_{PQ} = \int_P^Q (-mg)\, dz = \Big[-mgz\Big]_{z_0+h}^{z_0} = -mgz_0 + mg(z_0 + h) = mgh$$

となり，予想通りの値になった．すなわち，経路積分をするときは，dx や dz の値が正になるか負になるかを気にすることなく，経路の起点と終点の座標をそれぞれ積分の下限と上限に設定すればよいのである．

もう一つ注意をしておこう．物体が重力によって加速しながら落下する場合も，重力につり合う力で支えながらゆっくり降ろす場合も，重力のする仕事の値は同じになる．仕事は力と移動距離の積なので移動速度によらないのである．

次に，図5.2(b) のように物体を P 点から Q 点まで斜めに動かす場合を考えよう．水平方向に x 座標をとり，xz 面内の移動と考える．重力のベクトルはどの地点でも $\boldsymbol{F} = (0, -mg)$ であり，経路に沿う線要素ベクトルは図中に示したように x 方向に dx，z 方向に dz の長さをもつので，$d\boldsymbol{x} = (dx, dz)$ と書ける．この図では dx, dz ともに負であるが，それは考えなくてよい．第1章で与えた内積の成分表示 (1.11) を応用すると，仕事は

$$W_{\mathrm{PQ}} = \int_{\mathrm{P}}^{\mathrm{Q}} \boldsymbol{F} \cdot d\boldsymbol{x} = \int_{\mathrm{P}}^{\mathrm{Q}} (F_x \, dx + F_z \, dz) = \int_{z_0+h}^{z_0} (-mg) \, dz = mgh$$
(5.5)

これは,鉛直に動かした場合と同じ値である.

図 (c) のように P 点から C 点を経由して Q 点に移動したとき,その間に受けた仕事は PC 間の仕事と CQ 間の仕事の和である.経路上のどの点でも $\boldsymbol{F} = (0, -mg)$ であること,PC 上では $d\boldsymbol{x} = (dx, 0)$ ($\boldsymbol{F}$ に垂直),CQ 上では $d\boldsymbol{x} = (0, dz)$ ($\boldsymbol{F}$ と平行) であることを考慮すると,仕事は次のように計算される.

$$W_{\mathrm{PQ}} = \int_{\mathrm{P}}^{\mathrm{C}} \boldsymbol{F} \cdot d\boldsymbol{x} + \int_{\mathrm{C}}^{\mathrm{Q}} \boldsymbol{F} \cdot d\boldsymbol{x} = 0 + \int_{z_0+h}^{z_0} (-mg) \, dz = mgh$$

以上から,経路の起点と終点がどこにあるか,あるいは経路の形によらず仕事は力 mg に高度差 h を掛けたものになることがわかる.

逆に,物体が上に移動したら仕事の値はどうなるだろうか.重力が負方向で移動が正方向であるので,重力が物体にした仕事は $-mgh$ である.

ここで見方を変えて,重力につり合う力を上向きに加え,物体を持ち上げたとき,この力がした仕事はいくらになるであろうか.この力と移動はともに上向きなので,それらの積は正の mgh になる.仕事の計算においては,どの力がした仕事なのかを指定しないと正負があいまいになることに注意されたい.

[**例題 5.1**] 物体に,重力につり合う力 mg を加えて,地上 ($z = 0$) から $z = 2h$ まで鉛直に持ち上げ,続いて $z = h$ まで降ろしたとき,この力がした仕事を求めよ.

[**解**] 鉛直上向きを正とする.$z = 0$ から $z = 2h$ までの仕事は,加えた上向きの力は mg,高度は $2h$ なので,$mg \times 2h = 2mgh$.$z = 2h$ から $z = h$ までの仕事は,高度差が $-h$ であるので,$mg \times (-h) = -mgh$.全過程の仕事はこれらの和であり,$2mgh - mgh = mgh$.

バネがする仕事

図5.3に示すように、バネ定数 k のバネが $x=x_\mathrm{P}$ から $x=x_\mathrm{Q}$ まで縮むとき、復元力がした仕事を求めよう。伸ばす方向に x 軸をとり、自然長の位置を $x=0$ とする。縮む途中の x の位置ではバネの復元力は $-kx$ であるので、位置によって力の大きさが異なる。したがって、経路をこまかく分けて積分しなければならない。その結果は次のようになる。

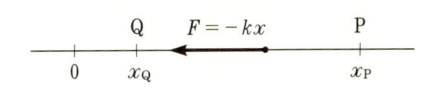

図5.3 バネが $x=x_\mathrm{P}$ から x_Q まで縮む場合の仕事

$$W = \int_{x_\mathrm{P}}^{x_\mathrm{Q}} (-kx)\, dx = \frac{1}{2} k x_\mathrm{P}^2 - \frac{1}{2} k x_\mathrm{Q}^2 \tag{5.6}$$

$x_\mathrm{P} > x_\mathrm{Q}$ であるから (5.6) の仕事は正である。

外から力を加えてバネを x_Q から x_P まで伸ばすときはバネの復元力は負の仕事をする。逆に、外から加えた力は正の仕事をすることになる。

万有引力がする仕事

ニュートンの万有引力の法則によれば、原点にある質量 M の天体から距離 r だけ離れた質量 m の天体にはたらく引力 F は次式のように表される。

$$F = -\frac{GMm}{r^2} \tag{5.7}$$

$G\,(= 6.67 \times 10^{-11}\,\mathrm{m^3/(s^2\,kg)})$ は**万有引力定数**とよばれる定数である。右辺にマイナス符号をつけたのは、図5.4に示すように F が半径方向と逆向きだからである。以後は数式を簡潔にするために $GMm = K$ と置く。

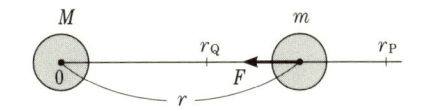

図5.4 万有引力 F による仕事。右側の天体が $r = r_\mathrm{P}$ から r_Q まで移動する。

万有引力に引かれて図の右側の天体が $r = r_\mathrm{P}$ から r_Q まで移動したとする。そのとき万有引力は負方向であり、移動の線要素 dr も負であるので、

万有引力がした仕事は正になるはずである．実際，

$$W_{\mathrm{PQ}} = \int_{r_{\mathrm{P}}}^{r_{\mathrm{Q}}} \left(-\frac{K}{r^2}\right) dr = \left[\frac{K}{r}\right]_{r_{\mathrm{P}}}^{r_{\mathrm{Q}}} = \frac{K}{r_{\mathrm{Q}}} - \frac{K}{r_{\mathrm{P}}} \tag{5.8}$$

となる．$r_{\mathrm{Q}} < r_{\mathrm{P}}$ であるから，$W_{\mathrm{PQ}} > 0$ である．

仕 事 率

仕事の値は移動速度によらないことをすでに述べた．しかしながら，同じ量の仕事を短時間で行うか長時間かけるかが実際には重要であることがある．1秒当りにした仕事を**仕事率**（英語では**パワー**）とよぶ．1秒当りの移動は速度ベクトル v に等しいので，仕事率 P は力 F と v の内積で与えられる．

$$P = F \cdot v \tag{5.9}$$

§5.2 位置エネルギー

位置エネルギーの定義

図 5.5(a) に示すように，質量 m の物体 A が重力の作用で高度差 h だけ

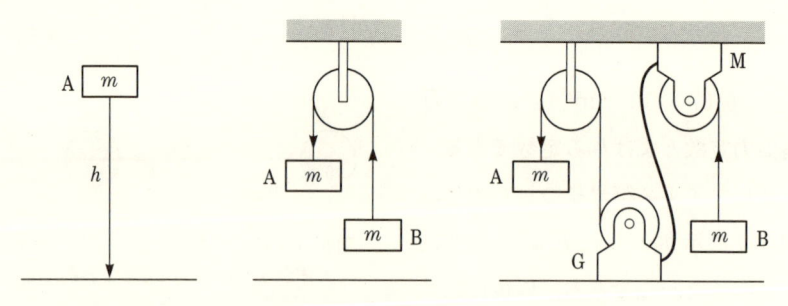

(a) 重力がした仕事は $W = mgh$

(b) 他の物体 B を持ち上げ mgh の仕事をする．

(c) 発電機 G を回し，それでモーター M を回して物体 B を持ち上げ mgh の仕事をする．

図 5.5 高い位置にある物体 A は，他の物体に仕事をする能力をもつ．

落下するとき，物体 A は重力によって mgh の仕事をされることを前節で述べた．次に図 (b) のように，持ち上げた物体 A に滑車をとおして同じ質量の他の物体 B をつなぎ，重力の作用で高度差 h だけゆっくり降ろすとしよう．このとき，物体 A は物体 B に対して上向きの力を加え，上に h だけ移動させるので mgh の仕事をする．さらに，物体 A を落下させて発電機 G を回し，それで起こした電気によってモーター M を回し，それで物体 B を持ち上げることもできる．この場合も物体 A は物体 B に対してやはり mgh の仕事をする．

これらのことは，h の高度にある物体は，重力がその物体にする仕事を利用して，さらに他の物体に mgh の仕事をする能力をもつことを意味する．この能力は，物体 B を直接持ち上げる場合も，発電機を回す場合も同じように発揮される．

一般に，他の物体や発電機などに対して仕事をする能力を**エネルギー**とよぶ．図 5.5 の例のように，物体が高い位置にあるときこの物体がもつエネルギーを**位置エネルギー**あるいは**ポテンシャルエネルギー**とよぶ．位置エネルギーとは，物体が空間中で占める位置によって値が決まるようなエネルギーという意味である．「ポテンシャル」は潜在能力を意味するので，他に仕事をする秘められた能力という意味である．

仕事の一般的な定義 (5.4) を用いて位置エネルギーの一般的な定義を考えてみよう（図 5.5 を参照しながら読むとよい）．物体が力 $\boldsymbol{F}$ を受けながら空間中の P 点から Q 点に移動したとき，物体が受けた仕事を W_{PQ} としよう．もし $W_{\mathrm{PQ}} > 0$ であれば，物体はこの仕事を利用して他に仕事をすることができるので，物体が P 点にあるときの位置エネルギー U_{P} は，Q に来たときの位置エネルギー U_{Q} と比べて W_{PQ} だけ高い値になっているはずである．すなわち，位置エネルギーの差 $U_{\mathrm{P}} - U_{\mathrm{Q}}$ は，仕事 W_{PQ} に等しい．

$$W_{PQ} = \int_P^Q \boldsymbol{F} \cdot d\boldsymbol{x} = U_P - U_Q \tag{5.10}$$

あるいは,両辺に -1 を掛けて,

$$-\int_P^Q \boldsymbol{F} \cdot d\boldsymbol{x} = U_Q - U_P \tag{5.11}$$

としてもよい.

ここで,念のためにいくつかの注意をしておこう.

1. 位置エネルギーの値としては2点間の差が (5.10) で与えられる.したがって, U_P, U_Q の一方の値を指定したら初めて他方も決まる.

2. 位置エネルギーは物体の位置によって値が決まるので,座標 (x_P, y_P, z_P) の関数である.すなわち, U_P は $U(x_P, y_P, z_P)$ と書ける.

3. 動摩擦力や粘性抵抗については位置エネルギーを求めることができない.そのような力については後でくわしく説明する.

重力,バネ,万有引力の位置エネルギー

(5.10) を用いて前節で導入した力について位置エネルギーを計算してみよう.重力 $(0, 0, -mg)$ の場合,P点とQ点の位置エネルギーの差は,

$$U_P - U_Q = \int_P^Q \boldsymbol{F} \cdot d\boldsymbol{x} = -\int_P^Q mg\,dz = mg(z_P - z_Q) \tag{5.12}$$

である.ここで, $z_Q = 0$ とし,そこで $U_Q = 0$ とする.このように,位置エネルギーの値を指定する点を**基準点**とよぶことにする.これらの条件を (5.12) に代入すると, $U_P = U(z_P) = mgz_P$ となる.この式から添字Pを省略すると,重力の位置エネルギーに対して次式を得る.

$$U(z) = mgz \tag{5.13}$$

図5.3に示したように,バネ定数 k のバネの右端を $x = x_P$ から x_Q まで移動させたとすると,

§5.2 位置エネルギー

$$U(x_\mathrm{P}) - U(x_\mathrm{Q}) = \int_{x_\mathrm{P}}^{x_\mathrm{Q}} (-kx)\,dx = \frac{1}{2}kx_\mathrm{P}^2 - \frac{1}{2}kx_\mathrm{Q}^2 \quad (5.14)$$

となる．いま，$x_\mathrm{Q} = 0$ とし，そこを基準点としよう．すなわち，$U(0) = 0$ とする．(5.14) に $x_\mathrm{Q} = 0$，$U(0) = 0$ を代入し，添え字 P を省略すると次のようなバネの位置エネルギーを得る．

$$U(x) = \frac{1}{2}kx^2 \quad (5.15)$$

図 5.4 に示した万有引力の場合は，天体が $r = r_\mathrm{P}$ から r_Q まで移動したときの仕事から，

$$U(r_\mathrm{P}) - U(r_\mathrm{Q}) = \int_{r_\mathrm{P}}^{r_\mathrm{Q}} \left(-\frac{K}{r^2}\right) dr = \frac{K}{r_\mathrm{Q}} - \frac{K}{r_\mathrm{P}} \quad (5.16)$$

となる．万有引力の場合は $r = 0$ を基準点に選ぶことができない．そこで，無限遠を基準点にとり，$r_\mathrm{P} \to \infty$ のとき $U(r_\mathrm{P}) \to 0$ としよう．そのあとで添字 Q を省略すると次のような万有引力の位置エネルギーを得る．

$$U(r) = -\frac{K}{r} \quad (5.17)$$

[**例題 5.2**] バネ定数 k のバネが x だけ伸びた位置から自然長まで縮むときの仕事と，まず x から $x + a$ まで伸び，続いて自然長まで縮んだときの仕事を比べ，それらが等しいことを確かめよ．

[**解**] 伸び x の位置から自然長まで縮むときバネがした仕事は，(5.15) から $kx^2/2$ である．位置 x から，伸び $x + a$ までさらに伸ばしたときの仕事は，

$$\int_x^{x+a} (-kx)\,dx = \frac{kx^2}{2} - \frac{k(x+a)^2}{2}$$

位置 $x + a$ から原点までもどしたときの仕事は (5.15) から $k(x+a)^2/2$ である．これらの和は $kx^2/2$ である．これは，位置 x から直接原点にもどしたときの仕事と等しい．

表面エネルギー

液体と気体の境界面には面積を小さくするように力がはたらいている.この力を**表面張力**とよんでいる.シャボン玉が球形になるのは,内部の空気の体積が一定のままでなるべく表面積を小さくしようとするからである.観察の結果,表面張力の大きさは膜が接している辺の長さに比例することがわかっている.図5.6(a) に示すように,表面が長さ L の辺に接していれば,表面はその辺を

$$F = \sigma L \tag{5.18}$$

の力で辺に垂直な方向に引っ張っている.σ(シグマ)は**表面張力係数**とよばれる定数である.

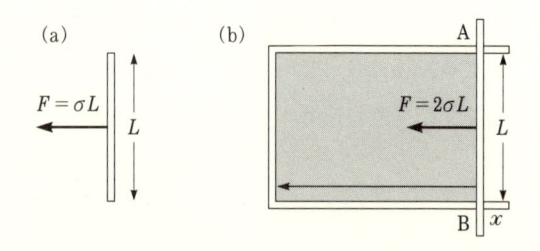

図 5.6 (a) 表面張力の大きさ.σ は表面張力係数.(b) シャボン膜を張り,針金 AB を x だけ動かしたときの仕事を考える.

表面張力にも位置エネルギーを定義することができる.図 (b) に示すように,コの字型の針金ワクに長さ L のまっすぐな針金 AB を乗せ,滑らかに動けるようにする.針金 AB が左側の辺に一致したときを $x = 0$ として,右方向に x 軸を定義する.この長方形のワクにシャボン膜を張ると,針金 AB には一定の大きさ $2\sigma L$ の表面張力が左向きにはたらく.力が (5.18) の2倍になるのは膜の表側と裏側の両方に (5.18) の力がはたらくからである.なお,シャボン膜の面積 S は裏表合わせて $S = 2Lx$ である.

針金 AB を x の位置から 0 まで動かすと,そのとき表面張力がした仕事は $W = 2\sigma Lx$ になる.$x = 0$ の位置を基準点として,そこでの位置エネルギーを 0 とする.すると,(5.10) から位置エネルギー U の差は,

$$U(x) - U(0) = U(x) = 2\sigma Lx = \sigma S \tag{5.19}$$

すなわち，表面はその面積に比例する位置エネルギーをもっている．そのためにこのエネルギーは**表面エネルギー**とよばれる．

位置エネルギーが定義できない力

(5.10) による位置エネルギーの定義は動摩擦力や粘性抵抗については成り立たない．例として，図 5.7 に示すように，動摩擦力がはたらく水平面上で移動する質量 m の物体についてこの事情を見てみよう．

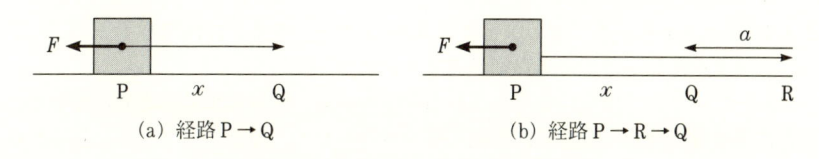

(a) 経路 P→Q (b) 経路 P→R→Q

図 5.7 摩擦力がはたらく場合の仕事

動摩擦係数を μ_d とする．物体には移動方向と逆向きに大きさ $mg\mu_d$ の動摩擦力がはたらく．(a) のように物体が PQ 間を距離 x だけ移動した場合に摩擦力が物体にした仕事 W_{PQ}，および (b) のように PR 間（距離 $x+a$）続いて RQ 間（距離 a）を移動した場合の仕事 W_{PRQ} は，それぞれ

$$\left. \begin{array}{l} W_{PQ} = -mg\mu_d x \\ W_{PRQ} = -mg\mu_d(x+a) - mg\mu_d a = -mg\mu_d(x+2a) < W_{PQ} \end{array} \right\} \tag{5.20}$$

となる．こうなると，起点と終点における位置エネルギーの差をその経路における仕事で定義することはできない．起点と終点が同じでも途中の経路が異なると仕事の値が異なってくるからである．

それに対して，重力，バネの復元力，万有引力，表面張力では，仕事の値は起点と終点の位置だけにより，途中の経路の選び方によらない．このような力を**保存力**とよぶ．位置エネルギーは保存力に対してのみ定義できるのである．それに対して動摩擦力や粘性抵抗は**非保存力**とよばれる．

エネルギー保存則の確立

19世紀までは，熱とは一種の物質であり，熱の移動はこの物質の流れだと考えられていた．イギリスの大砲技師 G. ランフォードが，大砲の穴をくりぬくとき大量の熱が発生することに注目し，1798年に熱の物質説に反論した．熱が物質だとしたら，大砲をくりぬくとき無限に出てくるはずがないと考えたのである．この指摘が保存則についての議論のきっかけをつくった．1840年頃，イギリスの物理学者 J. P. ジュールや，ドイツの医学者 J. R. マイヤー，ドイツの物理学者 H. L. F. ヘルムホルツらによってこの保存則が確立された．

ジュールについては次のような逸話が残っている．彼が馬車で新婚旅行をしていたとき滝を見つけた．そこで，花嫁をほったらかして，滝の上と下で水の温度を測ることに熱中したそうである．滝の落差による位置エネルギーの変化が熱エネルギーとつり合うかどうか確認しようとしたわけである．

§5.3 エネルギー保存則

重力による仕事と運動エネルギー

まず，物体が重力によって加速しながら落下するときの仕事が，速度の変化とどのように関係しているか考えてみよう．物体が速度 v で運動しているときは，(5.4) における線要素ベクトル $d\boldsymbol{x}$ は，この短い移動に要した時間を dt とすると，

$$d\boldsymbol{x} = \boldsymbol{v}\, dt \qquad (5.21)$$

と書ける．一方，力を受けながら運動する物体では第2章で導入した運動方程式が適用できる．すなわち，(5.4) の中の $\boldsymbol{F}$ は (2.4) によって $m\, d\boldsymbol{v}/dt$ で置き換えてよい．このような置き換えによって運動中の物体が受ける仕事と速度変化の関係を求めることができる．

例として，図5.8に示すように，重力を受けながら z 軸に沿って落下する物体があるとしよう．z 軸上で，P点からQ点まで落下する間に物体に対し

て重力がした仕事は，§5.1 で求めたように $mg(z_P - z_Q)$ である．これは正の値をもつ．

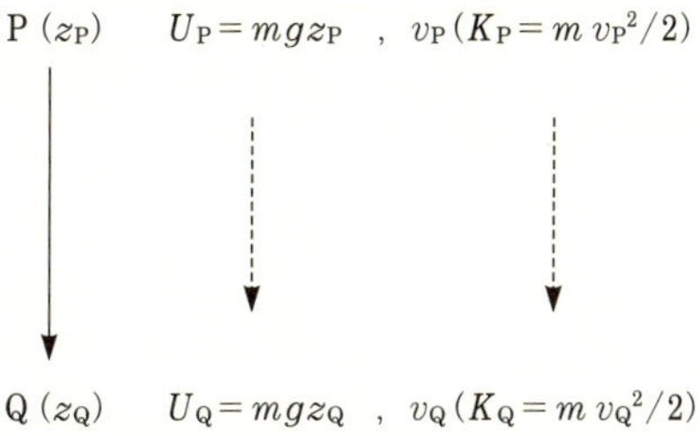

物体の速度を v，力の z 成分を F_z とすると，運動方程式は $F_z = m\,dv/dt$ と書ける．一方，線要素 dz は $dz = v\,dt$ と書き換えられる．すると，(5.4) は

$$W_{PQ} = \int_P^Q F_z\,dx = \int_P^Q m\frac{dv}{dt} v\,dt \tag{5.22}$$

と変形される．

$\quad$P $(z_P)\quad U_P = mgz_P\quad ,\quad v_P(K_P = m\,v_P{}^2/2)$

$\quad$Q $(z_Q)\quad U_Q = mgz_Q\quad ,\quad v_Q(K_Q = m\,v_Q{}^2/2)$

図 5.8 重力による落下にともなう位置エネルギー U と運動エネルギー K の変化

ここで，合成関数の微分に関する公式を用いると（付録 A 参照），

$$\frac{d}{dt} v^2 = \frac{d(v^2)}{dv}\frac{dv}{dt} = 2v\frac{dv}{dt}$$

という式を得る．この式の右辺が，(5.22) の積分の内部と同じ形をもつことを考慮すると，(5.22) は次のように変形できる．

$$W_{PQ} = \int_P^Q \frac{m}{2}\left(\frac{d}{dt} v^2\right)dt = \left[\frac{m}{2} v^2\right]_P^Q$$

$$= \frac{m}{2} v_Q{}^2 - \frac{m}{2} v_P{}^2 \tag{5.23}$$

すなわち，P 点から Q 点まで落下する間に物体に対して重力がした仕事は $mv^2/2$ という量の増加に等しい．この量を**運動エネルギー**とよび，K という記号で表すことにする．すなわち，

$$K = \frac{m}{2} v^2 \tag{5.24}$$

ところで，重力がした仕事 W_{PQ} は，(5.12) によって，

$$W_{PQ} = mgz_P - mgz_Q$$

と書ける．この式と (5.23) から次の式を得る．

$$\frac{m}{2}v_Q{}^2 - \frac{m}{2}v_P{}^2 = mgz_P - mgz_Q$$

この式から，

$$\frac{m}{2}v_Q{}^2 + mgz_Q = \frac{m}{2}v_P{}^2 + mgz_P \tag{5.25}$$

を得る．この式は，運動エネルギー K と位置エネルギー U の和が Q 点と P 点とで等しいことを示す．この和を**力学的エネルギー**とよぶ．物体の運動において力学的エネルギーがどの地点でも等しいことを**力学的エネルギー保存則**とよぶ．重力のもとでの運動で力学的エネルギーが保存されるのは，重力が保存力であるためである．

力学的エネルギー保存則の一般的導出

重力に限らず一般的な保存力について力学的エネルギー保存則を導いておこう．その手続きは (5.22)～(5.25) と似ている．質量 m の物体が力 $\boldsymbol{F}$ を受けて運動しているとしよう．P 点から Q 点まで移動するとき，この力がする仕事 W_{PQ} は (5.11) によって位置エネルギーの差で表される．

$$W_{PQ} = \int_P^Q \boldsymbol{F} \cdot d\boldsymbol{x} = U_P - U_Q$$

物体の速度を $\boldsymbol{v}$ とすると，積分の中の $\boldsymbol{F}$ は運動方程式によって $m\,d\boldsymbol{v}/dt$ で置き換えてよい．一方，$d\boldsymbol{x}$ は，(5.21) によって $\boldsymbol{v}\,dt$ で置き換えてよい．すなわち，

$$W_{PQ} = \int_P^Q \boldsymbol{F} \cdot d\boldsymbol{x} = \int m \frac{d\boldsymbol{v}}{dt} \cdot \boldsymbol{v}\, dt$$

(5.22) から (5.23) を導いたのと同じ考え方で，この式の右辺は運動エネルギーの差になる．その手続きは積分の中の内積を成分で表示するとわかりやすい．

$$W_{PQ} = \int_P^Q m\left(v_x \frac{dv_x}{dt} + v_y \frac{dv_y}{dt} + v_z \frac{dv_z}{dt}\right) dt$$

$$= \int_P^Q \frac{m}{2} \frac{d}{dt}(v_x{}^2 + v_y{}^2 + v_z{}^2)dt$$

$$= \frac{m}{2}(v_{Qx}{}^2 + v_{Qy}{}^2 + v_{Qz}{}^2) - \frac{m}{2}(v_{Px}{}^2 + v_{Py}{}^2 + v_{Pz}{}^2) \quad (5.26)$$

ここで，(5.24) で v^2 を速度ベクトルの大きさと見なして，この式によって運動エネルギーを定義しよう．すると，(5.26) の右辺は Q 点における運動エネルギーと P 点における運動エネルギーの差である．

(5.11) と (5.26) から，最終的に次の式が導かれる．

$$\frac{m}{2}v_Q{}^2 + U_Q = \frac{m}{2}v_P{}^2 + U_P \quad (5.27)$$

これが一般的な力学的エネルギー保存則である．(5.27) は力学的エネルギーが運動の前後で等しいことを表すので，次式のように書いてもよい．

$$\boxed{\frac{m}{2}v^2 + U = 一定} \quad (5.28)$$

力学的エネルギー保存則の応用例

(5.27) を応用して，力を受けて運動する物体の速度の変化を求めてみよう．質量 m の物体が高度 h の点 P で静止状態から地上の点 Q に落下したとき，着地寸前の速度 v を求めよう．(5.25) で，$v_P = 0$, $z_P = h$, $z_Q = 0$, $v_Q = v$ と置くと

$$\frac{m}{2}v_Q{}^2 = mgh, \quad \text{これから} \quad v = \sqrt{2gh} \quad (5.29)$$

となる．これは，自由落下における落下距離と速さの変化である $h = gt^2/2$, $v = gt$ から t を消去しても求めることができる．

バネ定数 k のバネに質量 m の物体をとりつけ，自然長から x_P だけ伸ばし (P 点とする)，初速度 0 で離すとしよう．物体が自然長の位置 (Q 点とする) に来たときの速度 v を求めよう．(5.27) で，$v_P = 0$, $U_P = kx_P{}^2/2$, $U_Q = 0$, $v_Q = v$ と置くと，

108   5. 仕事とエネルギー

$$\frac{m}{2}v^2 = \frac{kx_P^2}{2}, \quad \text{これから} \quad v = \pm\sqrt{\frac{k}{m}}x_P = \pm\omega_0 x_P \quad (5.30)$$

となる．複号がつくのは右に動く瞬間と左に動く瞬間があるからである．

　一般に，運動方程式の解は時間 t の関数で表されるので，各瞬間の運動を詳細に記述する．ただし，方程式を解くことが困難なことがしばしばある．一方，力学的エネルギー保存則の適用は容易にできる．しかし，求められるのは最初と最後の運動状態の関係だけである．

エネルギー概念の拡張

　動摩擦力や粘性抵抗がはたらくときは力学的エネルギー保存則が成り立たないことはすでに述べた．この場合は運動にともなって力学的エネルギーが減少することを次の例によって示そう．

　図5.9のような，角度 θ だけ傾いた粗い斜面の上端（高度 h）に質量 m の物体を置く．斜面の動摩擦係数は μ_d とする．物体を初速度0で斜面に沿ってすべらせ，斜面の下端に達したときの速度を v とする．v は次のようにして求められる．

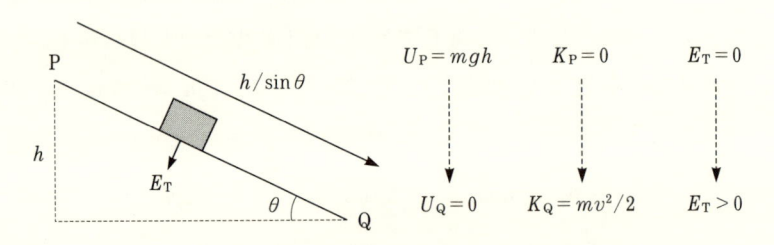

図5.9 粗い斜面をすべり落ちる物体のエネルギーの変化

　物体の加速度は $g\sin\theta - \mu_d g\cos\theta$ であり（第3章の演習問題 [3] の解答を参照），移動した距離は $h/\sin\theta$ であるから，

$$\frac{h}{\sin\theta} = \frac{1}{2}(g\sin\theta - \mu_d g\cos\theta)t^2$$

$$v = (g\sin\theta - \mu_d g\cos\theta)t$$

これらから t を消去すると，多少の計算の後次の式が導かれる．

$$mgh - \frac{\mu_d mg \cos\theta \cdot h}{\sin\theta} = \frac{1}{2} mv^2 \tag{5.31}$$

ただし，最後に両辺に m を掛けた．

　この式の右辺は下端での運動エネルギーである．一方，左辺は斜面上端の位置エネルギー mgh より小さい．言い換えれば，最初にもっていた位置エネルギーはその一部が途中で失われ，その残りが下端で運動エネルギーに変換される．失われた分は動摩擦力 $\mu_d mg \cos\theta$ と移動距離 $h/\sin\theta$ の積であり，ちょうど物体が動摩擦力を通して斜面に対してした仕事になっている．

　われわれは日常経験から動摩擦力がはたらくと斜面や物体に熱が発生することを知っている．したがって，斜面に対してする仕事が熱に変換されたと考えることができる．熱の発生によって斜面や物体はエネルギーの高い状態になったと考え，このエネルギーを**内部エネルギー**とよぶことにする（**熱エネルギー**とよばれることもある．厳密な名称ではないが，わかりやすいのでこの名でよんでもよい）．すると，(5.31) は一種の保存則の存在を示唆する．

　内部エネルギーの増加量（左辺第2項）を E_T と書き，右辺に移項すると，(5.31) は，

$$mgh = \frac{1}{2} mv^2 + E_T \tag{5.32}$$

と書き換えられる．ここで，運動エネルギー K，位置エネルギー U，内部エネルギー E_T の和を新たに全エネルギーと考えることにする．図5.9に示したように，物体がP点からQ点まで運動し，それにともなって内部エネルギーも変化する場合，次の式が成り立つ．

$$(K + U + E_T)_P = (K + U + E_T)_Q \tag{5.33}$$

これは力学的エネルギー保存則の拡張であり**エネルギー保存則**とよばれる．

現在までにエネルギー保存則が成り立たないような現象が見つかったときは，新しい種類のエネルギーを導入して，全エネルギーが常に保存するように**エネルギー**の概念を拡張してきた．こうして，化学エネルギー，光エネルギー，電磁場のエネルギー，質量エネルギー（核反応にともなって発生する）などが定義されている．

[例題5.3] エネルギー保存則を用いずに (5.30) を確かめてみよう．単振動の解 (4.6) の未定定数を $t=0$ で $x=x_P$, $v=0$ となるように選び，$x=0$ になったときの速度を求めることにより (5.30) を導け．

[解] (4.6) を時間 t で微分すると，速度は

$$v = C\omega_0 \cos(\omega_0 t + \alpha)$$

となる．これに $t=0$, $v=0$ を代入すると，$\cos\alpha = 0$．これから，$\alpha = \pi/2$，あるいは $\alpha = 3\pi/2$ となる．次に，(4.6) に $t=0$, $x=x_P$ およびいま求めた α の値を代入すると $x_P = C\sin\alpha = \pm C$ である．こうして未定定数が決まった．

質点が自然長の位置に来たとき，$x=0$ から $\sin(\omega_0 t + \alpha) = 0$，すなわち $\omega_0 t + \alpha = 0$，あるいは $\omega_0 t + \alpha = \pi$ である．これを上で求めた v の式に代入すると $v = \pm C\omega_0$．上で求めた $x_P = \pm C$ を代入すると $v = \pm \omega_0 x_P$ となる．これは (5.30) に等しい．

§5.4 位置エネルギーと力の関係

一直線上で近接した 2 点間の位置エネルギーの差

§5.2 では，力が与えられたとき位置エネルギーを求める公式 (5.10) を導入した．では，位置エネルギーが与えられたとき，力のベクトルを求めるにはどうしたらよいだろうか．その方法を，まず一直線上を移動する物体について調べてみよう．

図 5.10(a) に示すように，x 軸上で座標 x, $x+dx$ にある互いに近接した P 点，Q 点を考える．これらの点における位置エネルギーの差を (5.10) を用いて求める．近接した点の間では力 F はほとんど一定値をもつと考え

§5.4 位置エネルギーと力の関係   111

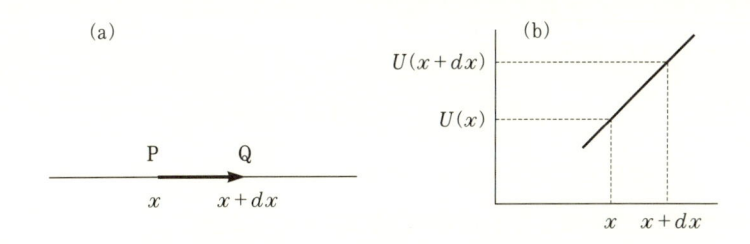

図 5.10 位置エネルギー $U(x)$ から力 F を求める.

てよいので，仕事 W_{PQ} は力と移動距離の積，すなわち $F\,dx$ で与えられる．したがって，(5.10) から，

$$W_{PQ} = F\,dx = U_P - U_Q$$

となる．ここで，U は x の関数であり，$U_P = U(x)$, $U_Q = U(x+dx)$ と書くことができる．これらを上の式に代入して，両辺を dx で割ると，

$$F = -\frac{U(x+dx) - U(x)}{dx} \tag{5.34}$$

となる．この式の右辺は 2 点間における U の差 dU を dx で割ったものであり，U を x で微分したものである．したがって，この式は次のように書き表すことができる．

$$F = -\frac{dU}{dx} \tag{5.35}$$

すなわち，力は，位置エネルギーを位置座標で微分してマイナス符号をつけたものに等しい．

(5.35) 右辺の微分は，図 5.10(b) のように $U(x)$ をグラフで表したとき，曲線の勾配に対応する．この勾配が急であれば力は大きい．また，力の符号は勾配の符号と逆なので，図のように勾配が正の場合は力は負であり左を向いている．このグラフを斜面と考えた場合，斜面上の物体が低い方へ落ちる傾向が力に対応すると考えてよい．

例として，バネ定数 k のバネを伸ばした場合の位置エネルギー $U = kx^2/2$ を (5.35) に代入すると，

$$F = -\frac{d}{dx}\left(\frac{kx^2}{2}\right) = -kx$$

これは，すでに学んだバネの復元力である．

3次元空間上で近接した2点間の位置エネルギーの差

上で述べた考え方を3次元空間に拡張しよう．3次元空間における位置エネルギーは位置座標 (x, y, z) の関数であり，$U(x, y, z)$ と書くことができる．3次元空間内で近接した2点として，ここではそれぞれの座標軸の方向にずれた2点を考える．

まず，図 5.11 に示すように，x 方向に dx だけ離れた P 点 (x, y, z) と Q 点 $(x + dx, y, z)$ を考えよう．このとき，線要素ベクトルは $d\boldsymbol{x} = (dx, 0, 0)$ である．すると，(5.10) で積分の中の内積は，成分による表示を用いると，

$$\boldsymbol{F} \cdot d\boldsymbol{x} = F_x\, dx$$

である．これは物体が P 点から Q 点まで移動したときの仕事 W_{PQ} であり，F_x と位置エネルギーの関係を次のように導くことができる．

$$W_{\mathrm{PQ}} = F_x\, dx = U(x, y, z) - U(x + dx, y, z)$$

$$F_x = -\frac{U(x + dx, y, z) - U(x, y, z)}{dx} \tag{5.36}$$

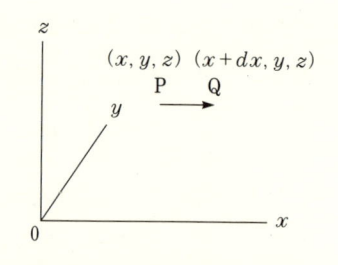

図 5.11 3次元空間内で x 方向に並んで近接した2点

(5.36) は，y, z という他の座標が付加されていることを除くと，(5.35) と同じ形をもつ．すなわち，(5.36) の右辺は3変数のうち y, z は変えないで x だけを変えたときの変化の割合である．このような微分は，d の代りに ∂ という記号を用いて，$\partial U/\partial x$ のように表現するのが習慣になってい

る（∂ も「ディー」と読む）．この微分は**偏微分**とよばれる．こうして，(5.36) は，

$$F_x = -\frac{\partial U}{\partial x} \tag{5.37}$$

と書くことができる．

同様に，y 方向に dy だけ離れた P 点 (x, y, z) と Q 点 $(x, y+dy, z)$ について，あるいは z 方向に dz だけ離れた P 点 (x, y, z) と Q 点 $(x, y, z+dz)$ について同じ操作を行うことができる．これらをまとめると次の式が得られる．

$$F_x = -\frac{\partial U}{\partial x}, \qquad F_y = -\frac{\partial U}{\partial y}, \qquad F_z = -\frac{\partial U}{\partial z} \tag{5.38}$$

結局，力の各成分は，位置エネルギーをそれぞれの座標で偏微分してマイナス符号をつけたものに等しい．

3次元空間での位置エネルギーから力を求める例

(5.38) をいままでに導入した位置エネルギーに応用してみよう．質量 m の質点に重力がはたらいているとき，位置エネルギーは $U = mgz$ である．3次元空間の各点で位置エネルギーは定義されているが，U は z だけに依存する．この U を (5.38) に代入すると，次のように力の成分が求められる．

$$F_x = -\frac{\partial U}{\partial x} = 0, \qquad F_y = -\frac{\partial U}{\partial y} = 0, \qquad F_z = -\frac{\partial U}{\partial z} = -mg \tag{5.39}$$

第1式と第2式が 0 になるのは，U が z だけを含むので x や y で偏微分すると 0 になるからである．これらの結果はすでに学んだ重力のベクトル $(0, 0, -mg)$ を与える．

第2の例として，3次元空間の原点に一端が固定され他端が (x, y, z) の位置をとりうるような，バネ定数 k のバネを考えてみよう（これは**3次元バネ**とよばれる）．ここで，バネは非常に短いが柔らかくて長く伸ばせると仮

定する．すると，自然長は0であり，バネの長さが r になったとき位置エネルギーは $kr^2/2$ であると考えてよい．以上から，$U(x, y, z)$ は，

$$U(x, y, z) = \frac{1}{2}kr^2 = \frac{1}{2}k(x^2 + y^2 + z^2) \qquad (5.40)$$

と書ける．このバネの復元力は常に原点を向くベクトルである．実際，その成分は，(5.38) から

$$F_x = -\frac{\partial U}{\partial x} = -kx, \qquad F_y = -\frac{\partial U}{\partial y} = -ky, \qquad F_z = -\frac{\partial U}{\partial z} = -kz \qquad (5.41)$$

となるのでベクトル $\boldsymbol{F}$ は位置ベクトル $\boldsymbol{r} = (x, y, z)$ を用いて $\boldsymbol{F} = -k\boldsymbol{r}$ と書ける．

最後に，成分で表示した(5.38)をベクトル形でも表示できることを注意しておこう．grad あるいは ∇ (ナブラと読む) という記号を導入して，

$$\left(\frac{\partial U}{\partial x}, \frac{\partial U}{\partial y}, \frac{\partial U}{\partial z}\right) = \text{grad}\, U \qquad \text{あるいは} \qquad \nabla U \qquad (5.42)$$

と書くことにする．すると，(5.38) は

$$\boldsymbol{F} = -\text{grad}\, U \qquad \text{あるいは} \qquad \boldsymbol{F} = -\nabla U \qquad (5.43)$$

と表すことができる．なお，grad は gradient (勾配の意) の略である．ただし，本書では (5.38) のような成分表示を採用することにする．

[**例題 5.4**] 次の関数 $U(x, y, z)$ について，$\partial U/\partial x$，$\partial U/\partial y$，$\partial U/\partial z$ を計算せよ．

（1） $U = xyz$

（2） $U = x^2 \sin z$

（3） $U = (x^2 + y^2 + z^2)^{1/2}$

[**解**]（1）偏微分を直接実行することにより答を求めることができる．

$$\frac{\partial U}{\partial x} = yz, \qquad \frac{\partial U}{\partial y} = zx, \qquad \frac{\partial U}{\partial z} = xy$$

（2）(1)と同様に偏微分を行って，

§5.4 位置エネルギーと力の関係　115

$$\frac{\partial U}{\partial x} = 2x \sin z, \qquad \frac{\partial U}{\partial y} = 0, \qquad \frac{\partial U}{\partial z} = x^2 \cos z$$

（3）偏微分についても，合成関数の微分公式（付録 A）を用いることができる．$x^2 + y^2 + z^2 = g$ と置くと，$U = g^{1/2}$ と書ける．そこで，

$$\frac{\partial U}{\partial x} = \frac{dU}{dg}\frac{\partial g}{\partial x} = \frac{g^{-1/2}}{2} 2x = \frac{x}{(x^2 + y^2 + z^2)^{1/2}}$$

同様に，

$$\frac{\partial U}{\partial y} = \frac{y}{(x^2 + y^2 + z^2)^{1/2}}, \qquad \frac{\partial U}{\partial z} = \frac{z}{(x^2 + y^2 + z^2)^{1/2}}$$

エネルギー保存則の危機

エネルギー保存則は何回か疑われたことがある．天王星の軌道観測から，この惑星の運動はエネルギー保存則を満たさないことが指摘されていた．一方，保存則は疑わず，外側に未知の惑星があるという説もあった．はたして，1846 年に海王星が発見され，この論争は決着した．

1903 年，フランスの物理学者 P. キュリーは，1g のラジウムが 1 時間に 420 J の熱を発生することを見出した．この熱の出所がわからず，エネルギー保存則が疑われた．後になって，放射線を出す原子核反応にともなって質量がわずかに変化し，それが熱に変換されたのだとわかった．特殊相対論によれば，質量 m の物体はそれだけで mc^2 のエネルギーをもっている（c は光の速度）．これを**質量エネルギー**とよぶ．

原子核が電子を放出して崩壊する過程を β 崩壊とよぶ．このときエネルギー保存則が満たされないことが観測から指摘されていた．この問題についても，スイスの物理学者 W. パウリ（1931 年）が，中性微子（ニュートリノ）とよばれる未知の粒子を予言し，それも含めて保存則を満足させようとした．後に予言通り中性微子が発見された．

結局，エネルギー保存則は現在でも健在である．

演習問題

[1] 図のように，質量 m の物体に重力につり合う力を加えて，xz 面内（x 軸は水平，z 軸は鉛直）の原点から次の経路で点 Q(a, a) に移動するとき，この力がした仕事を求めよ．

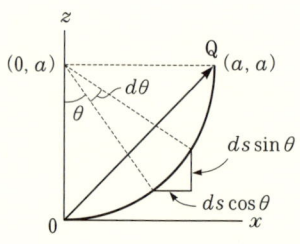

(1) 原点から点 Q まで直線的に移動，

(2) 点 $(0, a)$ を中心とする円弧にそって移動．(2) では，鉛直下方から測った角度を θ とし，線要素を $d\boldsymbol{x} = (ds\cos\theta,\ ds\sin\theta)$，$ds = a\,d\theta$ とせよ．

[2] 図のように，質量 M，$m(M > m)$ の物体 A，B を定滑車にかけ，物体 A を高度 a のところから距離 a だけ落下させる．このとき，2つの物体に対して重力がする仕事を計算せよ．

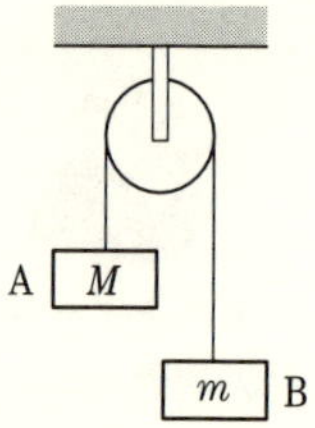

[3] 図のように，物体を高度 $4a$ の地点に静止させ，なめらかな斜面に沿って高度 $3a$，$2a$ あるいは a の地点まで重力によって誘導し，水平に打ち出す．それぞれの場合の飛距離 L_3，L_2，L_1 を求めよ．

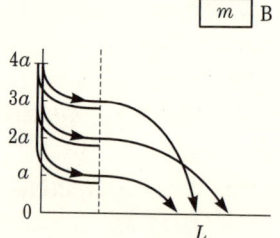

[4] 図のように，長さ $2a$ の振り子を水平の位置で静止させ，それから落下させる．

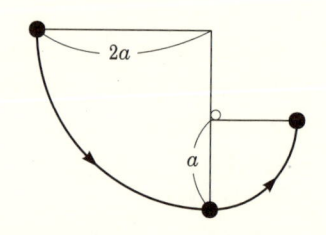

(1) 支点の真下にきたときの質点の速さ，およびそのときの角速度を求めよ．

(2) 支点の下方 a のところに釘があり，糸が釘にかかると，その後は半径 a の円運動をする．糸が水平になった瞬間での角速度を

求めよ．

[5] バンジージャンプで，自然長 L，バネ定数 k のゴムロープを質量 m の体につなぎ，初速度 0 で飛び降りた．飛び降りる地点で重力の位置エネルギーを 0 とする．L だけ落下した瞬間，ロープが伸び切った瞬間での運動エネルギー，重力の位置エネルギー，およびゴムの位置エネルギーを求めよ．

[6] 地球上から，初速度 v_0 で鉛直に質量 m の宇宙船を打ち上げる．地球の半径を R，質量を M とする．位置エネルギーは (5.17) で与えられる．ただし，$K = GMm$ とする．

（1） 地上からの高度が h に達したときの速度を求めよ．

（2） 宇宙船が無限の遠方に去ったとき，その速度が 0 になったとする．初速度 v_0 の数値を求めよ（これは**宇宙速度**とよばれる）．ただし，地球半径 R は 6.4×10^6 m とする．

[7] 動摩擦係数 μ_d の水平な粗い床の上を質量 m の物体が初速度 v_0 ですべり出した．初期の運動エネルギー，および停止するまでに物体が床に対してした仕事を求めよ．

[8] (3.12) で与えられる粘性抵抗を受けて，質量 m の物体が落下している．終端速度に達した状態からさらに距離 h だけ落下するまでの，位置エネルギー，運動エネルギー，内部エネルギーの変化を求めよ．

[9] 図のように，バネ定数 k_1, k_2 の 2 つのバネにつながれて水平方向に動けるようになった質点がある．質点がつり合いの位置から右に x だけ移動したときの位置エネルギー U を求めよ．それを微分することによりそのとき質点が受ける力を求めよ．

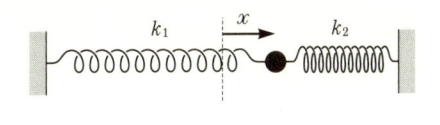

[10] 万有引力の位置エネルギー (5.17) を偏微分することにより万有引力の各成分を求めよ．ただし，$r = (x^2 + y^2 + z^2)^{1/2}$ とし，合成関数の微分の公式を用いよ．この力を位置ベクトル $\boldsymbol{r} = (x, y, z)$ を用いてベクトル形で表示せよ．

6 回転運動と角運動量

　大昔から円運動が天体の運動の基本と考えられてきた．天動説はこの考えに基づいて作られたものである．コペルニクスによって地動説が唱えられたときも，円運動はやはり基本的な運動であった．それから80年くらい後，ケプラーが惑星の楕円軌道を主張したことは非常に画期的なものであった．

　円運動は地上でもしばしば見られる．ひもに重りをつけて振り回すと重りは円軌道を描く．天体の運動と地上の運動には1つの共通点がある．円運動する物体にはたらく力が，物体から中心へ向かう方向だということである．その力は万有引力であったり，ひもの張力であったりする．力が常に中心を向いているとすると，この力は円軌道に沿って物体が回る勢いを増加させる作用がないと想像される．このことをくわしく調べるためには，回る勢いとは何かということが問題になる．

　本章では中心力という概念を導入し，それと円運動との関係を調べよう．それから，円以外の軌道を描く運動に触れ，惑星運動に関するケプラーの法則を紹介する．次に，回す作用である力のモーメント，回る勢いである角運動量という概念を導入し，それらの間に成り立つ運動法則を述べる．最後に，惑星の楕円軌道を導いてみる．

§6.1　中心力による回転運動

中心力とは何か

　物体をゴムひもにつけて振り回すと，物体には常に回転の中心を向く力がはたらく．力の大きさはゴムの伸びに比例するので，半径，すなわち物体と回転中心の間の距離によって一意的に決まり，方向によらない．このよう

§6.1 中心力による回転運動   119

に，力が常に固定点の方向を向き，その大きさが固定点からの距離 r の関数である場合に，その力を**中心力**とよぶ．

固定点ではなく，運動する 2 つの物体の間にはたらく力についても，力が物体相互を結ぶ方向を向き，大きさが物体同士の距離の関数であるとき，やはり中心力とよぶ．天体同士の万有引力はこの例である．中心力は引力とは限らず，同じ符号の電荷同士にはたらくクーロン力のように斥力の場合もある．

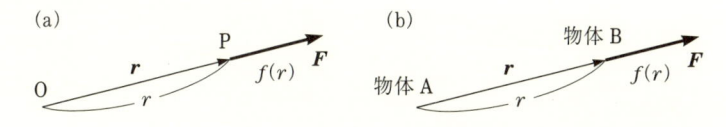

図 6.1 中心力の定義．r の起点は，(a) 固定点 O，(b) 片方の物体．

図 6.1(a) に示すように，固定点 O から物体 P へ向かう位置ベクトルを r とする．半径 r は r の絶対値 $|r|$ である．中心力 F の大きさは r の関数であり，$f(r)$ と表すことができる．一方，F の方向を表すために，r をその大きさ r で割ったベクトル r/r を導入しよう．その大きさは

$$\left|\frac{r}{r}\right| = \frac{|r|}{r} = \frac{r}{r} = 1$$

である．また，このベクトルは r と同じ向きをもつ．大きさが 1 であるベクトルを**単位ベクトル**とよぶ．r/r は r と同じ向きをもつ単位ベクトルである．

以上から F は次のように表現できる．r の成分 (x, y, z) を用いて，F の成分表示も併記する．

$$F = f(r)\frac{r}{r} = \left(f(r)\frac{x}{r},\ f(r)\frac{y}{r},\ f(r)\frac{z}{r}\right) \qquad (6.1)$$

ここで，$f(r)$ に正負の符号を与え，斥力の場合は $f(r) > 0$，引力の場合は

$f(r) < 0$ と考えることにする．

図 6.1(b) のような 2 つの物体間の中心力についても，同様に (6.1) で表現される．たとえば，万有引力 (5.7) は $f(r) = -GMm/r^2$ の場合である．

振り子の円運動

ここで，いくつかの円運動の例について物体にはたらく力と運動との関係を説明しておこう．その際，第 1 章で述べた円運動の加速度の公式 (1.53) を応用する．

(a) 円錐振り子　　　　(b) 質量 m の人工衛星 B

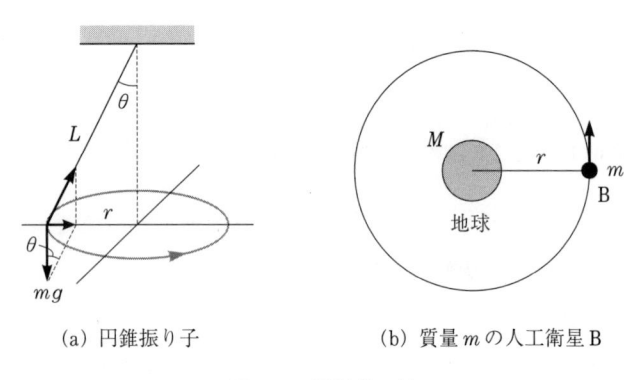

図 6.2　円運動の例

図 6.2(a) のように，長さ L の糸で支点につながれた質量 m の質点が，水平面内で円運動しているとしよう．このような振り子は**円錐振り子**とよばれる．糸の傾きを θ，円の半径を $r(= L\sin\theta)$，円運動の角速度を ω とする．このとき，θ と ω の関係を求めてみよう．

質点にかかる力は，大きさ mg の重力と，糸から受ける大きさ T の張力である．質点にはたらく力はこれらを合成したものであり，その大きさは (a) から $mg\tan\theta$ である．一方，円運動をする物体には，(1.53) で与えられる向心加速度と，m の積で与えられる向心力がはたらいている．これがいま求めた重力の効果からくるので，

§6.1 中心力による回転運動　121

$$m\omega^2 r = m\omega^2 L \sin\theta = mg\tan\theta \tag{6.2}$$

したがって，

$$\cos\theta = \frac{g}{\omega^2 L} \tag{6.3}$$

ただし，$\cos\theta$ の値は 1 を超えないから，$\omega^2 L$ が g より小さくなることはありえない．

人工衛星の円運動

図 6.2(b) のように，質量 M の地球による万有引力を受けて質量 m の人工衛星が半径 r の円運動をしているとする．このときの半径 r と角速度 ω の関係を求めよう．万有引力（5.8）が人工衛星の向心力になっているから，

$$m\omega^2 r = \frac{GMm}{r^2}, \quad \text{すなわち} \quad r^3 = \frac{GM}{\omega^2} = \frac{GM}{4\pi^2} T^2 \tag{6.4}$$

となる．ただし，T は回転の周期 $2\pi/\omega$ である．

もし地球と人工衛星をそれぞれ太陽と惑星に置き換えると，(6.4) は惑星の軌道半径 r の 3 乗と周期 T の 2 乗の間に比例関係があることを示す．これは後述するケプラーの第 3 法則である．

[**例題 6.1**]　(6.4) を用いて静止衛星の高度を求めよ．ただし，地球半径を $R = 6.4 \times 10^6 \mathrm{m}$ とする．

[**解**]　地上で 1 kg の物体にはたらく万有引力が g(N) であることから

$$\frac{GM}{R^2} = g$$

すなわち

$$GM = gR^2 = 9.8 \times (6.4 \times 10^6)^2 = 4.01 \times 10^{14} \mathrm{m^3/s^2}$$

である．周期 T は 1 日を秒で表し $T = 60 \times 60 \times 24 = 8.64 \times 10^4$ (s) とする．これを (6.3) に代入すると

$$r^3 = \frac{GM \cdot T^2}{4\pi^2} = \frac{4.01 \times 10^{14} \times (8.64 \times 10^4)^2}{4 \times 3.14^2} = 76 \times 10^{21} \mathrm{m^3}$$

この立方根を求めると,$r = 4.23 \times 10^7$m. これから地球半径を引いた 36×10^6 m が静止衛星の高度である.

ローレンツ力による円運動

z 軸の正方向に磁場（磁界）がかけられている空間内で,電荷 e をもつ質量 m の質点が xy 面内を運動しているとしよう. 磁場は z 軸の正方向を向くベクトルであり,H と表される. 物体の速度ベクトルを v とする. この質点は,図6.3(a) に示すように,H と v の両方に垂直な方向に強さ $e\mu_0 vH$ の**ローレンツ力**とよばれる力を受けることがわかっている. v は質点の速さ,H は磁場の強さ,μ_0 は真空の透磁率とよばれる定数である.

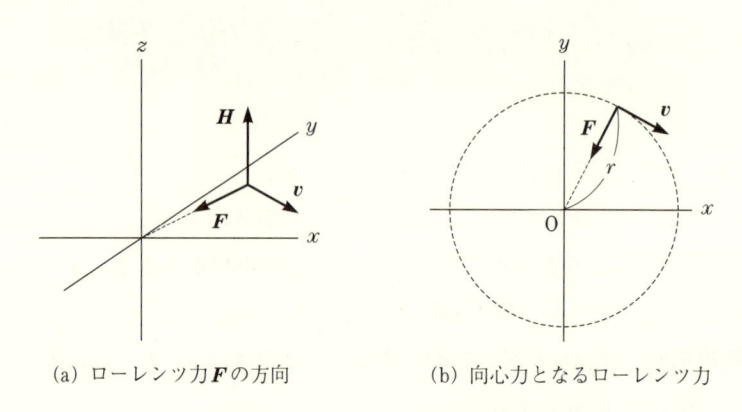

(a) ローレンツ力 F の方向　　(b) 向心力となるローレンツ力

図 **6.3**　ローレンツ力による円運動

第1章の§1.5で,円運動においては速度ベクトルと加速度ベクトルが直交することを述べた. このことから予想されるように,ローレンツ力をうけて運動する質点は円運動をする. この運動は**ラーマー運動**とよばれる. その半径を r,角速度を ω とすると $v = \omega r$,向心力が $m\omega^2 r$ であることから

$$m\omega^2 r = e\mu_0 vH = e\mu_0 r\omega H \tag{6.5}$$

これから

$$\omega = \frac{e\mu_0 H}{m} \tag{6.6}$$

となる．すなわち，角速度は半径によらず，磁場の強さだけによる．

振り子の楕円運動

中心力による運動は常に円運動とはかぎらない．ここで，中心力がはたらく場合の例として振り子の楕円運動について述べよう．図 6.2(a) に示した円運動においては，質点の位置座標 x, y は等しい振幅で振動した．ところで，x, y 方向に互いに異なる振幅をもつように振り子を振らせることもできる（自分で実験して欲しい）．この場合，質点の軌道はどのようになるだろうか．

x, y 方向の振幅をそれぞれ A_x, A_y とする．振り子が微小振動をするとき，x, y は (1.50) を参考にして次のように表すことができる．

$$x = A_x \cos(\omega_0 t), \qquad y = A_y \sin(\omega_0 t) \tag{6.7}$$

これから，三角関数の三平方の定理を用いて，関係式

$$\frac{x^2}{A_x{}^2} + \frac{y^2}{A_y{}^2} = 1 \tag{6.8}$$

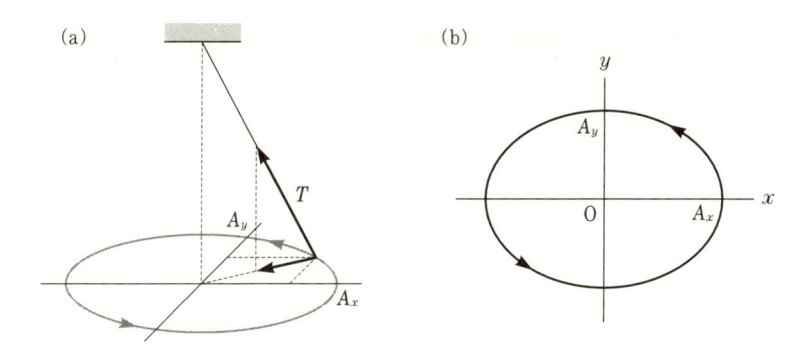

図 6.4 (a) 振り子の楕円運動，(b) 質点の軌道

が導かれる．図 6.4(b) に示すように，これは A_x, A_y を半径とし原点を中心とする楕円である．

ケプラーの法則

惑星の軌道および運動の性質については，16～17 世紀のドイツの天文学者ヨハネス・ケプラーによって次のような**ケプラーの法則**が発見された．

1. 惑星の軌道は太陽を 1 つの焦点とする楕円である（図 6.5）．
2. 惑星が太陽を頂点として単位時間当りに描く図形の面積（図中の dS を dt で割ったもの），いわゆる**面積速度**は時間的に一定である．
3. 楕円の長半径の 3 乗と周期の 2 乗の比は，すべての惑星に共通の値をもつ．

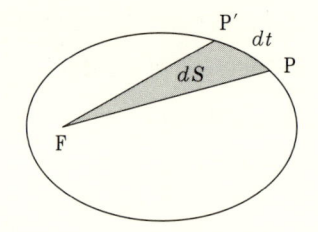

図 6.5 惑星の軌道．焦点 F に太陽がある．三角形 FPP′ の面積 dS を時間経過 dt で割ったものが，面積速度である．

これらの法則は天体観測のデータから抽出したものである．一方，これらはニュートンの運動方程式から数学的に導くことができ，そのことがニュートンが確立した力学を不動のものにしたのである．これらのうち第 3 法則は，(6.4) に示した結果を楕円の場合に拡張し，円の半径 r を楕円の長半径と置き換えたものになっている．第 2 法則は §6.3 で導入する角運動量保存則に密接に関連している．第 1 法則は §6.4 で微分方程式の解として導出することにする．

§6.2 力のモーメントとベクトル積

力のモーメント ― 回転させる作用

図 6.6(a) のようにスパナでボルトを締めるときなど，かける力が強いほ

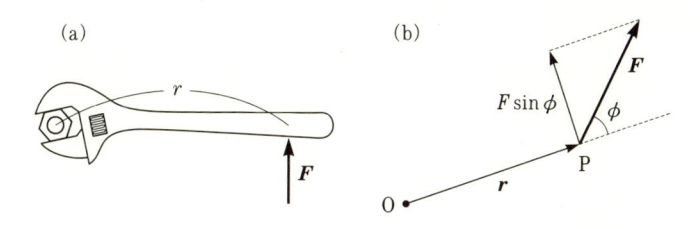

図 6.6 (a) スパナを回す作用, (b) 力のモーメントの定義

ど，スパナの柄が長いほど，さらに柄の方向と力の方向が直角に近いほど，ボルトを回転させる作用が強いことをわれわれは経験から知っている．この経験をもとにして，ものを回転させる作用を考えてみよう．

物体の中の点 P に力 F を加えて原点 O の周りに回転させる作用を考えよう．OP と力の間の角度を ϕ とする．力が回転方向に向いていないときは，OP の向きに垂直な成分 $F \sin \phi$ が回転の作用をもつことは容易に想像できるだろう．さらに，回転の作用は OP の距離 r に比例する．以上から，回転の作用の大きさ N を次式で定義する．

$$N = rF \sin \phi \tag{6.9}$$

ところで，回転の作用の大きさが同じでも，回転軸の向きが異なると物体の移動に対して異なる結果を生む．すなわち，回転の作用はスカラーではない．そこで，回転の作用をベクトルとして定義することを考えよう．

図 6.7(a) に示すように，P 点の位置ベクトル r と力 F を含む面を R と名づけよう．力 F は R 面内で r の向きを変えようとするので，回転軸は R に垂直である．そこで，回転の作用を R に垂直なベクトルと考え，ベクトル記号 N で表そう．このベクトルは**力のモーメント**とよばれ，その大きさは (6.9) で与えられる．

このように，2 つのベクトルからそれらの両方に垂直なベクトルを求めるために，ここでベクトル同士の積を新たに定義しよう．図 (b) は，(a) と同

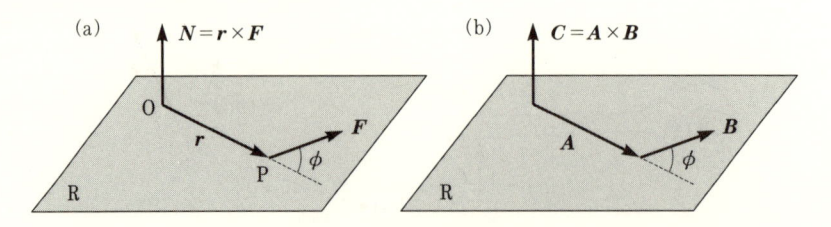

図 6.7 (a) 力のモーメントベクトル N の定義，(b) ベクトル積の一般的な定義のために，r, F の代りに A, B と書く．

じ配置であり，r, F の代りに一般的なベクトル記号 A, B で表示してある．

2つのベクトル A, B について，A の終点と B の起点を一致させ，これらを含む面を R とする．A, B の間の角度を ϕ とする．R に垂直であり，大きさが $AB\sin\phi$ であるようなベクトル C を A, B の**ベクトル積**あるいは**外積**とよび，記号 × を用いて $C = A \times B$ と表す．このとき記号 × は省略してはいけない．ベクトル同士の積には他に内積（スカラー積）があり，それと区別できなくなるからである．

ところで，R に垂直なベクトルには上向きと下向きの2つの可能性がある．ここでは，A の向きから B の向きへ回転するときネジが進む向きを C の向きとする．図6.7(a)，(b)の両方とも，これは上向きである．以上をまとめると，2つのベクトル A, B のベクトル積は垂直の記号 ⊥ を用いて次式のように定義される．

$$C = A \times B \tag{6.10}$$

$$C \perp A, \quad C \perp B, \quad |C| = AB\sin\phi \tag{6.11}$$

ベクトル積のいくつかの性質は，付録Bにまとめてある．ここでは，以下の議論に必要な，次の公式だけ与えておこう．

$$A \times A = 0 \tag{6.12a}$$

$$A と B が平行なら，\quad A \times B = 0 \tag{6.12b}$$

$$A \times B = -B \times A \tag{6.12c}$$

$$\frac{d}{dt}(\boldsymbol{A} \times \boldsymbol{B}) = \frac{d\boldsymbol{A}}{dt} \times \boldsymbol{B} + \boldsymbol{A} \times \frac{d\boldsymbol{B}}{dt} \qquad (6.12\mathrm{d})$$

(6.12a) と (6.12b) は，2つのベクトルが平行であり，$\sin\phi = 0$ から導かれる．(6.12c) は，$\boldsymbol{A} \times \boldsymbol{B}$ と $\boldsymbol{B} \times \boldsymbol{A}$ とでネジの進む向きが互いに逆になることから言える．(6.12d) は，関数の積の微分に関する公式がベクトル積についても成り立つことを表している（その証明は省略する）．ベクトル積を成分で表すと次のようになる（証明は付録 B 参照）．

$$\boldsymbol{A} \times \boldsymbol{B} = (A_y B_z - A_z B_y,\ A_z B_x - A_x B_z,\ A_x B_y - A_y B_x) \qquad (6.12\mathrm{e})$$

以上から，力のモーメントは位置ベクトルと力のベクトル積として定義され，次式のように書ける．

$$\boldsymbol{N} = \boldsymbol{r} \times \boldsymbol{F} \qquad (6.13)$$

上に導入したベクトル積の定義や公式を考慮すると，(6.13) で定義された $\boldsymbol{N}$ の大きさは (6.9) と一致していること，位置ベクトル $\boldsymbol{r}$ と同じ方向に力 $\boldsymbol{F}$ を加えた場合は力のモーメントは 0 になることがわかる．

［例題 6.2］ §6.2 の冒頭で，スパナを回転させる作用は柄に垂直な方向に力をかけるとき最も強いことを述べた．(6.11) と (6.13) を用いてその理由を説明せよ．

［解］ (6.13) から力のモーメントは $\boldsymbol{r}$ と $\boldsymbol{F}$ のベクトル積であり，その大きさは，(6.11) から $\sin\theta$ に比例する．$\sin\theta$ は $\theta = \pi/2$ のとき最大になるので，力のモーメントもそのとき最大になる．

［例題 6.3］ 次のベクトル $\boldsymbol{a},\ \boldsymbol{b}$ から，(6.12e) を用いてベクトル積の成分を計算せよ．

（1） $\boldsymbol{a} = (1,\ 0,\ 0),\quad \boldsymbol{b} = (1,\ 1,\ 0)$

（2） $\boldsymbol{a} = (0,\ 1,\ 1),\quad \boldsymbol{b} = (0,\ -2,\ -2)$

［解］（1） $\boldsymbol{a} \times \boldsymbol{b} = (0 \times 0 - 0 \times 1,\ 0 \times 1 - 1 \times 0,\ 1 \times 1 - 0 \times 1) = (0,\ 0,\ 1)$

(2) $a \times b = (1 \times (-2) - 1 \times (-2),\ 1 \times 0 - 0 \times (-2),\ 0 \times (-2) - 1 \times 0) = (0,\ 0,\ 0)$

§6.3 角運動量と運動方程式

角運動量とは何か

物体を一方向に押すはたらきをもつ力から，r とのベクトル積によって，回す作用である力のモーメントを定義した．同じように，一方向に進む勢いを表す運動量から回る勢いを定義することができる．物体が位置ベクトル r の位置で運動量 p をもって運動しているとしよう．質量を m，速度を v とすると $p = mv$ である．このとき，

$$L = r \times p \tag{6.14}$$

で定義されるベクトル L は**角運動量**とよばれ，原点の周りを回る勢いを表す．

たとえば，角速度 ω で半径 r の円周上を運動している質量 m の質点の角運動量は，(6.10) の $\sin\theta = 1$ であるので，次のようになる．

$$|L| = L = rp = rmv = m\omega r^2 \tag{6.15}$$

運動量 p は，$dp/dt = F$ という運動方程式にしたがうことを §2.4 で述べた．では，L はどんな方程式にしたがうだろうか．これを確かめるために L を時間 t で微分してみよう．(6.12d)，速度の定義 $v = dr/dt$，運動方程式 $dp/dt = F$，(6.12b)，および (6.13) を順に用いると，

$$\begin{aligned} \frac{dL}{dt} &= \frac{d}{dt}(r \times p) = \frac{dr}{dt} \times p + r \times \frac{dp}{dt} \\ &= v \times p + r \times F \\ &= N \end{aligned}$$

を得る．この結果は角運動量 L の変化が力のモーメント N によって起きることを示す．すなわち，

§6.3 角運動量と運動方程式　129

$$\frac{d\boldsymbol{L}}{dt} = \boldsymbol{N} \tag{6.16}$$

[例題 6.4]　質量 m の質点について，原点の周りの角運動量の大きさ L を次の場合に求めよ．

（1）原点を中心とする半径 R の円周上を角速度 ω で円運動している．

（2）xy 面内で，直線 $x = b$（定数）にそって y 方向に速度 v で運動している．

（3）x 軸にそって原点から速度 v で離れている．

[解]（1）位置ベクトルと速度ベクトルは直交するから，それらのベクトル積は，大きさの積で与えられる．すなわち，$L = R \times mR\omega = mR^2\omega$．

（2）質点の y 座標を y とする．位置ベクトルは $\boldsymbol{r} = (b, y, 0)$，速度ベクトルは $\boldsymbol{v} = (0, v, 0)$ である．(6.12 e) を用いて，$\boldsymbol{L} = \boldsymbol{r} \times m\boldsymbol{v} = (0, 0, mbv)$．したがって，$L = mbv$．

（3）位置ベクトルと速度ベクトルは互いに平行である．(6.12 b) から角運動量は $L = 0$．

中心力がはたらく場合の角運動量

惑星にはたらく万有引力のように，物体にはたらく力 $\boldsymbol{F}$ が中心力の場合，$\boldsymbol{L}$ の変化はどうなるだろうか．(6.1) で表される中心力 $\boldsymbol{F}$ は $\boldsymbol{r}$ と平行であるから，(6.12b) から，

$$\frac{d\boldsymbol{L}}{dt} = \boldsymbol{N} = \boldsymbol{r} \times \boldsymbol{F} = 0 \tag{6.17}$$

すなわち，角運動量 $\boldsymbol{L}$ は時間的に一定である．言い換えれば，$\boldsymbol{L}$ の方向とその大きさが一定である．中心力の場合に成り立つこの性質は**角運動量保存則**とよばれる．

角運動量 $\boldsymbol{L}$ の大きさが一定であることの意味を考えてみよう．(6.9) から，

$$|L| = rp\sin\phi = mrv\sin\phi \tag{6.18}$$

と書ける．次に，$|L|$ は図 6.5 に示した面積速度に関係していることを示そう．図 6.8 に示すように，位置ベクトル r の点 P で速度 v をもつ物体が，時間間隔 dt の間に点 P′ まで動いたとする．PP′ の距離は

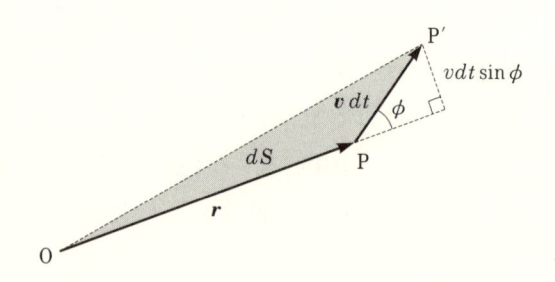

図 6.8 図 6.5 の FPP′ の拡大図．面積 dS の計算法．

$v\,dt$ である．三角形 OPP′ の面積 dS は，P′ から OP の延長に下した垂線の長さが $v\,dt\sin\phi$ であることから，

$$dS = \frac{r \cdot (v\,dt\sin\phi)}{2}$$

この式の両辺を dt で割り (6.18) を用いると，面積速度と $|L|$ の関係が次のように求められる．

$$\frac{dS}{dt} = \frac{rv\sin\phi}{2} = \frac{|L|}{2m} \tag{6.19}$$

中心力の場合は (6.17) から $|L|$ が一定であるから，(6.19) から面積速度 dS/dt も一定になる．面積速度を 2 倍したものを h と書くと，

$$rv\sin\phi = h \quad (\text{定数}) \tag{6.20}$$

となる．すなわち，§6.1 で述べたケプラーの第 2 法則は，万有引力が中心力であることからくる角運動量保存則を表していたのである．

この節で導入した力のモーメントや角運動量は，第 8 章以下（「力学 (II)」）で学ぶ質点系（質点の集まり）や剛体（大きさをもち，変形しない物体）の運動では重要なはたらきをする．一方，1 個の質点の運動でこれらの概念が有効である代表例は惑星の運動である．地上の物体の運動ではハン

マー投げがその好例であろう（コラム参照）．

ハンマー投げのしくみ

ハンマー投げの用具は質点に軽いワイヤーをつけたものと考えることができる．これを振り回して回転速度を増していくために選手はどのような力を加えているだろうか．もし質点が円運動をしていてワイヤーが回転中心 O の方向を向いていれば，中心力は角運動量を増加させないので，回転が速まるはずがない．

実は，図のように，ワイヤーをつかむ場所は体の中心から少し外側にずれている．したがって，ワイヤーを引く力も中心力ではなく，中心から少しずれた方を向いているので，回転中心に関するモーメントも 0 ではない．これによって角運動量が増加し，したがって，円運動の速さも増加するのである．

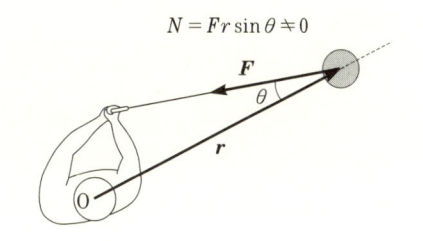

$N = Fr\sin\theta \neq 0$

§6.4　惑星の運動
円座標による速度の表示

惑星の軌道は円形からわずかにずれていて，しかも太陽を焦点とする楕円であることを §6.1 で述べた．惑星にはたらく力は太陽に向かう中心力であるから，太陽の位置を原点とするような座標系で運動を記述するのが便利である．そこで，運動が xy 面内で生じていると考え，太陽の位置を原点とする (x, y) 座標で惑星の楕円運動を表現することが考えられる．ところが，ケプラーの第 2 法則 (6.20) は半径 r を用いて表現されているので，§1.1 で導入した円座標 (r, θ) を導入する方が便利である．

円座標の導入とは，位置座標 (r, θ) の使用に加えて，速度ベクトル $\boldsymbol{v}$ も半径方向成分と角度方向成分に分けることを意味する．図 6.9 は図 6.8 と同

じものであるが，円座標 (r, θ) を用いたことが異なる．時間 dt の間に質点が P から P′ へ移動し，それにともなって原点から見た角度 θ が $d\theta$ だけ増加し，半径 r が dr だけ増加したとしよう（減少の場合は，dr などが負の値をもつと解釈する）．

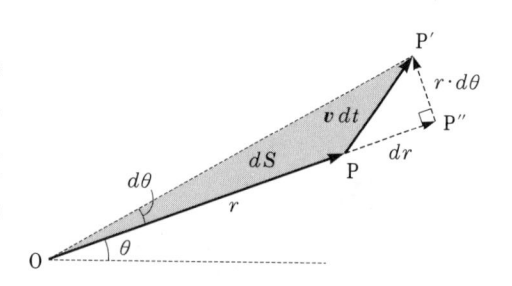

図 6.9 図 6.8 に示した質点の移動を円座標 (r, θ) で表す．

時間 dt の間の移動を表すベクトルは $\boldsymbol{v}\, dt$ である．それを半径方向成分 PP″ と角度方向成分 P″P′ に分け，それぞれ $v_r\, dt$, $v_\theta\, dt$ と表すことにする．ところで PP″ は半径の増加 dr に等しい．一方，P″P′ は角度の増加にともなう円弧である．円弧と円周角の関係を用いると P″P′ $= r \cdot d\theta$ である．以上から，$v_r\, dt = dr$, $v_\theta\, dt = r\, d\theta$ となる．これらの両辺を dt で割ると，

$$v_r = \frac{dr}{dt}, \qquad v_\theta = r\frac{d\theta}{dt} \tag{6.21}$$

となる．これが円座標における速度成分である．

なお，(6.20) に示した面積速度一定の式は $v\sin\phi = v_\theta$ であること，および (6.21) の第 2 式を用いると，

$$rv_\theta = r^2 \frac{d\theta}{dt} = h \quad (\text{定数}) \tag{6.22}$$

と書き換えられる．

惑星軌道の導出

太陽と惑星の質量をそれぞれ M, m, 万有引力定数を G としよう．すると，万有引力は保存力であるから力学的エネルギー保存則が適用できる．こ

こで，運動エネルギーに含まれる v^2 は，直角三角形 PP″P′ における三平方の定理によって $v_r^2 + v_\theta^2$ と書き換えられる．一方，位置エネルギーは (5.17) で与えられる（ただし，$K = GMm$）．結局，力学的エネルギー保存則は (6.21) を用いて次のようになる．

$$\frac{m}{2}\left\{\left(\frac{dr}{dt}\right)^2 + \left(r\frac{d\theta}{dt}\right)^2\right\} - \frac{GMm}{r} = E \qquad (6.23)$$

ただし E は定数であり，力学的エネルギーの値を意味する．(6.22)，(6.23) が惑星運動を円座標で調べるときの基礎方程式である．

これらの方程式を解いて r と θ を時間の関数 $r(t)$，$\theta(t)$ として決定できれば理想的であるが，実際にはそれは困難である．そこで惑星運動の軌道を求めることにする．すなわち，時間 t が消去された形として r を θ の関数 $r(\theta)$ として求めることにする．その手続きは以下に述べる．ただし，煩雑なので読者は途中を飛ばして直接 (6.29) を見てもよい．

(6.22) および合成関数の微分の公式を応用して，時間による微分を次のように変形する．

$$\frac{d\theta}{dt} = \frac{h}{r^2}, \qquad \frac{dr}{dt} = \frac{dr}{d\theta}\frac{d\theta}{dt} = \frac{dr}{d\theta}\frac{h}{r^2}$$

これらを代入することによって (6.23) は次のように書き換えられる．

$$\frac{m}{2}\left\{\left(\frac{dr}{d\theta}\frac{h}{r^2}\right)^2 + \frac{h^2}{r^2}\right\} - \frac{GMm}{r} = E \qquad (6.24)$$

この方程式には分母に未知関数である $r(\theta)$ が含まれていて，まだ複雑である．ところが，

$$r(\theta) = \frac{1}{u(\theta)} \qquad (6.25)$$

という変換によって新しい関数 $u(\theta)$ を導入すると (6.24) が簡単化されるのである．まず，合成関数の微分公式を用いて，

$$\frac{dr}{d\theta} = \frac{dr}{du}\frac{du}{d\theta} = -\frac{1}{u^2}\frac{du}{d\theta}$$

とし,これらを (6.24) に代入し,両辺を h^2 で割ると,

$$\frac{m}{2}\left\{\left(\frac{du}{d\theta}\right)^2 + u^2\right\} - \frac{GMm}{h^2}u = \frac{E}{h^2}$$

これから u についての完全平方の形をつくると,

$$\frac{m}{2}\left(\frac{du}{d\theta}\right)^2 + \frac{m}{2}\left(u - \frac{GM}{h^2}\right)^2 = \frac{E}{h^2} + \frac{mG^2M^2}{2h^4}$$

となる.

この式に含まれる GM/h^2 は,u と同じように長さの逆数の次元をもつ定数である.そこで,

$$\frac{1}{l} = \frac{GM}{h^2}$$

で定義される記号 l を導入する.さらに変数変換 $w = u - 1/l$ を行う.$du/d\theta = dw/d\theta$ であることから,

$$\frac{m}{2}\left(\frac{dw}{d\theta}\right)^2 + \frac{m}{2}w^2 = \frac{E}{h^2} + \frac{m}{2l^2} \tag{6.26}$$

となる.

§4.1 で単振動の方程式を解く際に,1 回積分して (4.10) を導いたことを思い出していただきたい.(6.26) は次のような置き換えを行うと (4.10) と全く同じ形になる.

$$w \to x, \quad \theta \to t, \quad \text{左辺 2 項目の } m \to k, \quad \frac{E}{h^2} + \frac{m}{2l^2} \to E$$

したがって,(4.6) で与えた単振動の解

$$x = C\sin(\omega_0 t + \alpha), \quad \omega_0 = \sqrt{\frac{k}{m}}, \quad C = \sqrt{\frac{2E}{k}}$$

がやはり (6.26) の解になる.振幅 C を与えるこの第 3 式は,(4.11) の下の式から導かれる.この解に対して,上と逆の置き換え,すなわち $x \to w$,$t \to \theta$,等を行うと,$\omega_0 = \sqrt{m/m} = 1$ であるから,

$$w = C\sin(\theta + \alpha), \quad C = \sqrt{\frac{2E}{mh^2} + \frac{1}{l^2}} \tag{6.27}$$

§6.4 惑星の運動   135

となる．この w から，いままで行った変数変換を逆にもどしてやると，

$$u = \frac{1}{l} + C\sin(\theta + \alpha)$$

さらに，

$$r = \frac{1}{u} = \frac{1}{\frac{1}{l} + C\sin(\theta + \alpha)} = \frac{l}{1 + Cl\sin(\theta + \alpha)} \quad (6.28)$$

以上の結果を次にまとめておこう．ただし，$Cl = e$ と置く．

面積速度が $2h$，力学的エネルギーが E である惑星運動の軌道は，(r, θ) 座標を用いると次式で表される．

$$r = \frac{l}{1 + e\sin(\theta + \alpha)} \quad (6.29)$$

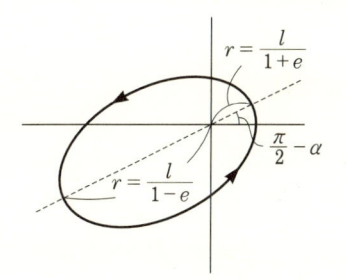

(a) $e < 1$（楕円）

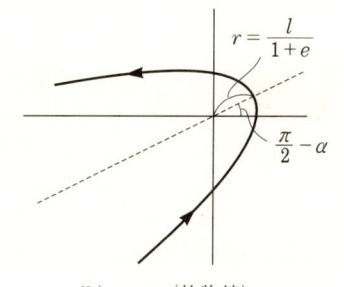

(b) $e = 1$（放物線）

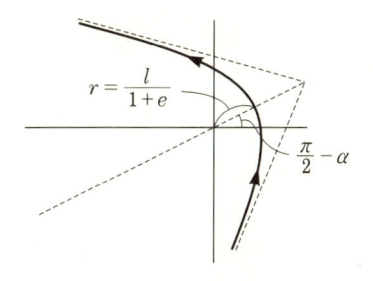

(c) $e > 1$（双曲線の片方）

図 6.10　惑星運動の軌道．(6.30) の e の値によって，軌道の形が異なる．力学的エネルギー E の符号によって，
　　$E < 0 \ \rightarrow\ e < 1$
　　$E = 0 \ \rightarrow\ e = 1$
　　$E > 0 \ \rightarrow\ e > 1$
となる．

ただし，

$$l = \frac{h^2}{GM}, \quad e = \sqrt{1 + \frac{2Eh^2}{mG^2M^2}} \tag{6.30}$$

また，α は未定定数である．

この式で表される軌道は図 6.10 に示すように e の値によって異なる．いずれも，r が最小になるのは，分母が最大になる $\sin(\theta + \alpha) = 1$，すなわち $\theta = \pi/2 - \alpha$ のときである．そのときの r の最小値は $l/(1 + e)$ である．r が最大値をもつのは (a) の楕円だけであり，$\sin(\theta + \alpha) = -1$ のとき ($\theta = 3\pi/2 - \alpha$) 最大値は $r = l/(1 - e)$ になる．

(6.29) は，力学的エネルギー保存則および中心力から導かれる面積速度一定の2つに基づいて導かれたものである．したがって，必ずしも惑星だけでなく，(b)，(c) のように無限遠方から万有引力に引かれて飛んできた天

水星の近日点移動

運動方程式を解くことにより惑星の軌道が楕円であることを導いた．ところが，精密な観測によると惑星の軌道は楕円からわずかにずれている．図に示すように，太陽にもっとも近いところが楕円では一定の点になるはずであるが，実際には少しずつずれていく．これを近日点移動とよぶ．たとえば，水星では100年間に約9.6分（= 9.6/60 度）だけずれた．その原因の主なものは，他の惑星の万有引力のために楕円軌道が影響を受けることである．しかし，この影響を計算すると100年間に8.9分になるはずであり，観測値と差がある．

この差の原因はアインシュタインによって提唱された一般相対論によって説明されている．この理論は，万有引力がはたらいている空間はわずかに歪んでいて，そのために軌道も歪むというものである．この説明が成功したことが一般相対論の1つの根拠になっている．

体についても当てはまるのである．

[**例題 6.5**]　(6.29) で表される軌道で，$\alpha=0$ とする．$e=1$ (放物線) および $e>1$ (双曲線) の場合に，r が無限大になるときの角度を θ_∞ とする．$\sin\theta_\infty$ を求めよ．

[**解**]　r が無限大になるのは，(6.29) の分母が 0 になる場合である．したがって，$\alpha=0$ とすると，$1+e\sin\theta_\infty=0$，これから $\sin\theta_\infty=-1/e$．特に $e=1$ の場合は，$\sin\theta_\infty=-1$．

演習問題

[1]　バネ定数 k，自然長 l_0 のバネの一端に質量 m の重りをつけ，他端を中心として水平面内で円運動をさせる．円運動の角速度が ω のとき，バネの伸び Δl を求めよ．

[2]　問題 [1] で扱ったバネにつながれた重りが大きさ mg の重力をうけ，図のようにバネが θ だけ傾いた状態で角速度 ω の円運動を行っている．バネの伸び Δl，および $\cos\theta$ を求めよ．

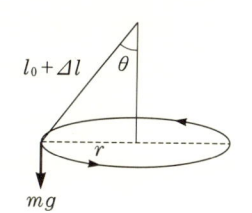

[3]　振り子の質点が水平な xy 面内で次式で表されるような回転運動をしている．振幅 C は単振り子の長さに比べてはるかに小さい．
$$x=2C\sin(\pi t), \qquad y=C\cos(\pi t)$$
（1）xy 面内の質点の軌道は楕円である．その方程式を求め，略図を描け．
（2）この楕円の面積（$\pi \times$ 長半径 $\times$ 短半径）を求め，面積速度を計算せよ．

[4]　鉛直な壁の上の自由に回転できる支点 O に長さ 1m の軽い棒 OP が水平にとりつけてある．P 点と OP の中点 M にそれぞれ 1kg の重りをつるす．この棒

を支えるために，P点を$45°$の方向に力Fで引っ張っている．Fの大きさを求めたい．

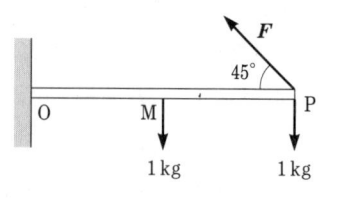

（1）力の鉛直方向のつり合いを考えてFを求めることはできない．それは何故か．

（2）O点の周りの力のモーメントのつり合いからFを求めよ．

[5] §4.1では，長さlの単振り子の振動を求めるとき水平方向のx軸に沿う質点の運動を考えた．同じ問題を，振り子の支点の周りの角運動量$L = mlv = ml^2\omega$および重力mgのモーメントを用いて解くこともできる．振り子が鉛直方向から傾いた角度をθとすると，$\omega = d\theta/dt$である．

（1）Lに関する運動方程式から$\theta(t)$の方程式を求めよ．

（2）θの解を求めよ．

[6] 図のようなシリンダー内を水平に動くピストンが長さLのクランクPQを通して車輪を回している．点Qは車輪の中心Oの周りに半径Rの円運動をする．クランクおよびOQの傾きをそれぞれϕ, θとする．ピストンがクランクをFの力で水平に押すとき，クランクにはF'の力がその長さの方向にかかり，$F'\cos\phi = F$が成り立つとする．$\cos\phi$は常に正とする．

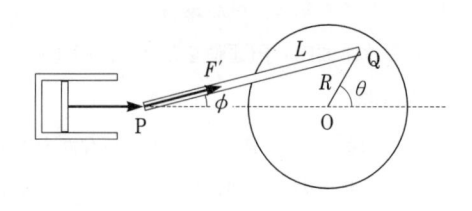

（1）車輪が受ける力のモーメントNをF', R, θ, ϕを用いて表せ．

（2）ϕとθの関係を求め，NをF, R, θを用いて表せ．

（3）$R \ll L (\phi \ll 1)$の場合，Nを求める式を簡単化せよ．

[7] 科学博物館で，朝顔形の斜面上で球をころがして惑星運動を理解させる装置を見学した．斜面の形は図のように$z = -A/r$で表され，質量mの球の位置エネルギーは$-mgz = -mgA/r$となるので(5.17)と同じ形になる．斜面には摩擦がはたらかないと仮定する．

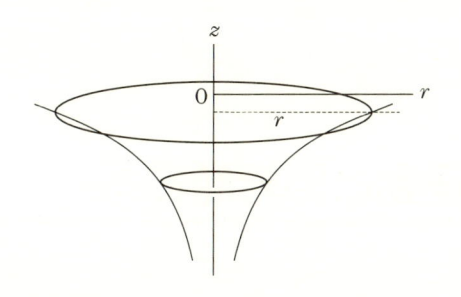

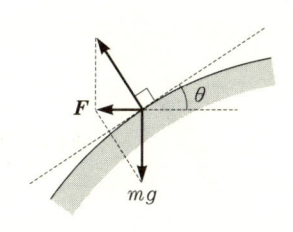

（1） 球が半径 r の水平な円運動をしているとき，球が接している点での斜面の勾配を求めよ（図中 θ についての $\tan\theta$ の値）．球にはたらく重力を考慮して，円運動の向心力の大きさ F を r を用いて表せ．

（2） (1)の円運動について，球の速さ v および力学的エネルギーを r を用いて表せ．

（3） もし斜面にころがり摩擦がはたらき，力学的エネルギーが少しずつ失われていくとすると，球の運動はどのように変化するか．

[8] ハンマー投げの質量 m の重りが，O を中心として半径 R の円運動をしている．半径方向から一定の角度 θ だけずれた方向に大きさ F の力を加え，それによって角速度 ω が時間とともに増加していく．重力は考えないことにする．

（1） 角速度が ω である瞬間で重りにはたらく向心力を考えて，F と ω の関係を求めよ．

（2） 角運動量 $L = mR^2\omega$ の時間変化を表す運動方程式を求めよ．

（3） $t = 0$ で $\omega = \omega_0$ としてこの方程式を解いて $\omega(t)$ を求めよ．

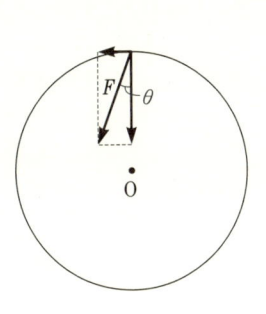

7 相対運動と回転座標系

　われわれは物体の運動を記述するとき，座標系を導入し，物体の位置を座標で表すという方法を採用してきた．そのときこの座標系は静止していると考え，座標系そのものの運動は考えなかった．ところが，完全に静止した座標系というものはない．たとえば，地球上で静止している座標系でも地球の自転のために回転しているし，太陽の周りの公転のために一方向に高速で運動している．ただ，われわれは座標系の運動に気がつかないだけである．このように，運動している物体あるいは座標系から見た他の物体の運動を，一般に**相対運動**とよぶ．

　では，回転あるいは直線運動している座標系の上で物体の運動を観察すると，静止した座標系で観察した場合と異なる現象が見られるだろうか．この問題を考えるために，まず一方向に一定の速度で運動している座標系について，静止している座標系と比べて運動法則が異なるかどうか調べてみよう．この問題に関係して，アインシュタインによる特殊相対論の出発点，すなわち同時刻の概念の相対性に触れる．次に，一方向に加速している座標系の上での物体の運動について考える．最後に，回転している座標系の上ではどんな運動が観察されるかという問題を見ていく．

§7.1　一定速度で動く座標系

電車の中の放物運動

　一定の速度 v_0 で x 方向に走っている電車に乗っている人が，図7.1のように物体を下に落としたとしよう．その人が見て，物体が初期 ($t=0$) に静止していたとすると，その物体は大きさ g の加速度で落下するであろう．上

§7.1 一定速度で動く座標系　141

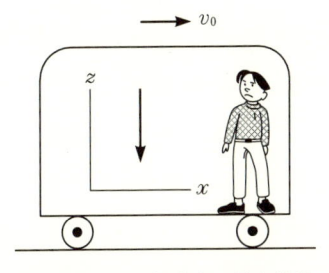

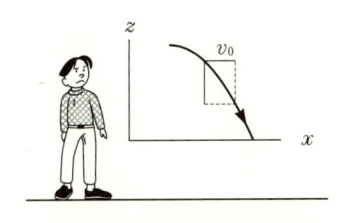

(a) 電車の中の観察者が見た軌道　　(b) 地上の人が見た軌道

図7.1　落下運動の軌道

方向に z 軸をとり，xz 面内で物体の運動を考える．初期の位置を (x_0, z_0) とすると x, z は次のようになる．

$$x = x_0, \qquad z = z_0 - \frac{1}{2} gt^2 \tag{7.1}$$

この物体の落下を，電車の外，すなわち地上で立っている人が見たらどのように見えるだろうか．$t = 0$ では下向きの速度成分は 0 であるが，x 方向に電車の速さで進んでいるから初速度は $(v_0, 0)$ となる．初期の位置をやはり (x_0, z_0) とすると，時間 t の後の位置は次のようになる．

$$x = x_0 + v_0 t, \qquad z = z_0 - \frac{1}{2} gt^2 \tag{7.2}$$

(7.1) は鉛直方向の直線運動，(7.2) は放物線上の運動であるから，軌道の形は異なる．すなわち，同一の運動でも，運動する座標系と静止した座標系とでは異なる軌道になるのである．

ところで，地上で静止している人が位置 (x_0, z_0) から初速度 0 で物体を落下させたとすると，やはり (7.1) のような運動が観察されるであろう．すなわち，同じ初期条件を与えたら，電車の中でも地上でも同じ軌道になる．以上から，物体の運動を支配する法則や方程式は電車の中でも地上でも同じであることがわかるであろう．

7. 相対運動と回転座標系

以上の考察は経験や直感に頼ったものであった．物体の運動を2つの座標系で観察した結果がどのように異なるかという問題を，座標変換の方法によって調べてみよう．地上の静止している座標系を K 座標系とよび，それで表した質点の位置 P を $r = (x, y, z)$ としよう．この座標系に対して一定の速度 $v_0 = (v_{0x}, v_{0y}, v_{0z})$ で動いている座標系があるとして，これを K′ 座標系とよび，その座標系における P の座標を $r' = (x', y', z')$ としよう．

K′ 座標系の原点は K 座標系で見ると速度 v_0 で動いているから，時間 t だけ経過すると $v_0 t$ だけ移動する．したがって，図 7.2 のように，同一の点 P を 2 つの座標系で表した r' と r とは次の式によって結ばれる．

$$r = r' + v_0 t \tag{7.3}$$

これを座標の成分で表すと次のようになる．

$$x = x' + v_{0x} t, \quad y = y' + v_{0y} t, \quad z = z' + v_{0z} t \tag{7.4}$$

一般に，1つの点の座標を2つの座標系によって表したとき，それらの片方の座標を他方の座標で表すことを**座標変換**とよぶ．特に，図 7.2 のように一定の速度で動く座標系に変換することを**ガリレイ変換**とよぶ．

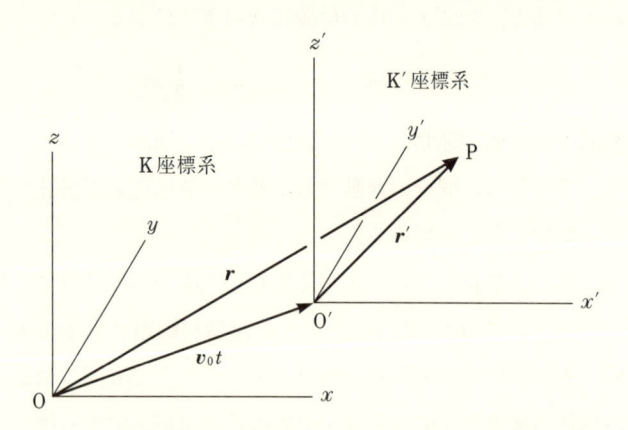

図 7.2 K 座標系と，それに対して速度 v_0 で動いている K′ 座標系によって表した，同一の点 P の位置ベクトルを r, r' とする．

§7.1 一定速度で動く座標系

K 座標系と K′ 座標系における速度の関係は，(7.3) あるいは (7.4) を時間で微分することによって次のようになる．

$$\boldsymbol{v} = \boldsymbol{v}' + \boldsymbol{v}_0 \tag{7.5}$$

$$v_x = v_x' + v_{0x}, \qquad v_y = v_y' + v_{0y}, \qquad v_z = v_z' + v_{0z} \tag{7.6}$$

すなわち，ガリレイ変換によって速度は定数だけ変化する．

加速度はガリレイ変換によって変化するだろうか．$\boldsymbol{v}_0$ は時間的に一定なので，(7.5) の両辺を時間で微分すると，

$$\frac{d\boldsymbol{v}}{dt} = \frac{d\boldsymbol{v}'}{dt} \tag{7.7}$$

となる．したがって，両方の座標系における加速度は等しい．

(7.7) を第2章で導入した運動方程式，たとえば (2.4) に代入すると，

$$m \frac{d\boldsymbol{v}'}{dt} = \boldsymbol{F} \tag{7.8}$$

となる．これが K′ 座標系における運動方程式であり，K 座標系と全く同じ形をもつ．すなわち，運動方程式はガリレイ変換によって不変である．

両方の座標系で運動方程式が同じ形をもつことは，物体の運動を観察する限りどちらの座標系で観察しても同じ法則が成り立っていることを意味する．したがって，現象を観察するだけではどちらが静止していてどちらが動いているのか判断できない．この事情を，「物体の運動法則はガリレイ変換に対して不変」と言う．

[**例題7.1**] 止まっている電車の中から見ると雨が鉛直方向に降っていた．10 m/s の速さで電車が走っていたとき，雨の傾きは 45° になった．雨の落下の速さを求めよ．

[**解**] 雨粒の速さを v とする．(7.5) で，雨粒の速度ベクトルは $\boldsymbol{v} = (0, -v)$，電車の速度ベクトルは $\boldsymbol{v}_0 = (10, 0)$ である．(7.5) から

$$\boldsymbol{v}' = \boldsymbol{v} - \boldsymbol{v}_0 = (-10, v)$$

となる.このベクトルの傾きが 45° であることから,

$$\tan 45° = \left|\frac{v}{-10}\right| = 1$$

したがって

$$v = 10\,\mathrm{m/s}$$

座標変換と音波の伝播

物体の運動については K 座標系と K′ 座標系とで運動法則に違いはなかった.ところが,音波の伝播を観察すると両者に違いがでてくる.それは,音波を伝える媒質である空気が空間を占めているからである.

K 座標系では空気の動きがないとしよう.このとき,「この座標系は空気に対して静止している」という言い方をする.この座標系で音波の伝わる速さ,すなわち音速を測定すると,どちらの方向に進む音波でも同じ値になる(これを c_0 とする).

K 座標系から見て速さ v_0 で x 方向に動く座標系を K′ 座標系とする.この座標系は空気に対して動いている.この K′ 座標系で x の正方向に進む音波の速さを測定したとしよう.すると,図 7.3(a) に示すように,音波は空気中を c_0 の速さで進み,同時に座標系が v_0 で動いているから,測定値は $c_0 - v_0$ になるはずである.逆に,x の負方向に進む音波の速さは,空気中を $-c_0$ の速さで進む音波を v_0 で正方向に動く座標系で観察するので,(b) のように測定値は $-c_0 - v_0$ になる.すなわち,その大きさは $c_0 + v_0$ であ

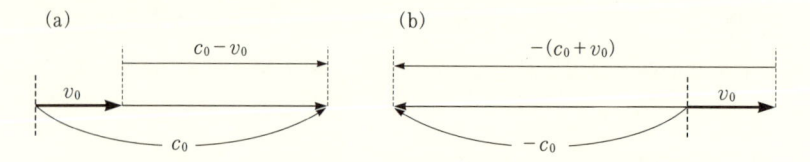

図 7.3 空気に対して速さ v_0 で右に動いている座標系で観察すると,音速の値が伝播の向きに依存する.(a) 右に進む音波の速さは $c_0 - v_0$,(b) 左に進む音波の速さは $c_0 + v_0$ になる.

る．

このように，空気に対して移動する座標系で観測すると，音波の伝播速度が異なってくる．

特殊相対論

19世紀の末に音波の速さの議論と同じような議論が光についてなされた．それまでは光を伝える媒質があると一般に信じられていて，その媒質は**エーテル**と名づけられていた．エーテルは本当に存在するのかということがその時問題になった．もしエーテルが存在するなら，空気中で測定した音波の速さと同じように，座標系がエーテルに対して動いているかどうかによって光の速度が変るはずである．

1887年，アメリカの物理学者 A. A. マイケルソンは E. W. モーレイとともに，光の速度が座標系の動きによって変化するかどうかを調べる実験を行った．その結果は，光の速度はどの座標系で測っても同じということになり，エーテルの存在が否定された．

ドイツ生まれで，スイスで働いていた物理学者 A. アインシュタインは，物体の運動に限らずすべての物理法則は一定の速度で動くどの座標系で観察しても同じ形をもつという**相対性原理**，さらに光の速度はどの座標系でも同じ値になるという**光速不変の原理**を仮定して，1905年に**特殊相対論**をとなえた．おもしろいことに，アインシュタインは，マイケルソン–モーレイの実験結果を知らずにこの理論をつくったとのことである．

光の速度を c_0 としたとき，もしその値がどの座標系で測っても同じであるとしたら，一見おかしなことが起きる．たとえば，図7.4(a)のように，速さ v_0 で x 方向に動く車両があるとしよう．その両端から向かい合って同時に発射された光を車両内で観察するとしよう．光は c_0 の速さで進むから，これらの光は車両の中央の点 M で出会うことになる．

もし，地上に立っている観察者が，両端から同時に発射された光を見たら何を観察するだろうか．両端から同時に発射された光が出会うまでに車両は

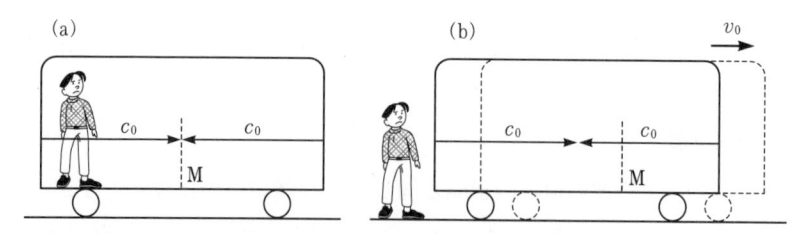

図 7.4 v_0 で動いている車両の両端から同時に発射された光はどこで出会うだろうか．(a) 車両に固定された座標系で見れば，車両内の中央M点で出会う．(b) 地上に固定された座標系で見て両端から同時に発射した光は，車両内の中央から少し後方で出会う．

少しだけ右に進んでいるから，これらの光は (b) のように中央の点 M より後方で出会うはずである．こうして，光が出会う点が観察者が立っている座標系によって異なるという結論が導かれる．しかし，これはおかしい．

たとえば，光が同時に入射したらブザーが鳴るような装置を点 M にしかけたとしよう．車両内の観察者にとってはこのブザーは鳴るが，車両外の観察者にとってはブザーは鳴らないことになる．ブザーが鳴るか鳴らないかということが観察する座標系によって異なるはずはない．

この矛盾を解決するためにアインシュタインが提案したことは，車両の両端を光が同時に発射したかどうかということが実は観測者によって異なるということである．車両内の観測者が両端を同時刻に発射した光を見たとする．同時に車両外の観測者がこの光を見たとすると，これらは実は同時刻に発射したのではなかった．左側の光が右側の光より早めに出ていたので，2つの光はやはり点 M で出会う．すなわち，同時刻という概念は，観測者によって異なるという意味で相対的なものだというのである．

この考え方は初めて聞くと非常にわかりにくい．時間の流れというものはすべての観察者にとって共通のものであって，座標系の移動によって影響を受けるはずはないと考えがちだからである．しかしながら，この**同時刻の相対性**をもとにして発展させた特殊相対論は，いくつかの実験的な支持を得

て,現在では完全に確立されているのである.

§7.2 加速する座標系
慣 性 力

もし物体の運動を記述する座標系が加速していたら,どのような物体の運動が観察されるだろうか.この問題を考える前に,まず加速していない座標系を決めておかねばならない.§2.5で説明したように,加速していない座標系(**慣性座標系**とよぶ)とは,力がはたらいていない物体があったとすれば,それは静止しているかあるいは一定の速度で運動するように観察される座標系である.身近な現象を問題にする限りは,地面に固定した座標系が慣性座標系である.

慣性座標系であるK座標系から見て一定の加速度 $\bm{a}_0 = (a_{0x}, a_{0y}, a_{0z})$ で動いているK′座標系があるとしよう.さらに,K′座標系は時刻 $t=0$ ではK座標系に一致していて,座標系Kに対して速度 $\bm{v}_0 = (v_{0x}, v_{0y}, v_{0z})$ で動いていたとする.K′座標系の原点の座標を $\bm{x}_0 = (x_0, y_0, z_0)$ とすると,

$$\bm{x}_0 = \bm{v}_0 t + \frac{1}{2}\bm{a}_0 t^2 \tag{7.9}$$

である.座標の各成分も同様な式で表されるが,ここでは省略しよう.

図7.5に示すように,K座標系で表した点Pの位置座標 $\bm{x} = (x, y, z)$ は,K′座標系では $\bm{x}' = (x', y', z')$ となるとしよう.$\bm{x}$ と $\bm{x}'$ とは (7.9) で与えられる $\bm{x}_0$ だけずれているから,次式の関係が成り立つ.

$$\bm{x} = \bm{x}' + \bm{x}_0 \tag{7.10}$$

この式の両辺を時間 t で2回微分してみよう.$\bm{x}$,$\bm{x}'$ を2回微分したものはK,K′座標系における加速度 $\bm{a}$,$\bm{a}'$ であるから,次の関係を得る.

$$\bm{a} = \bm{a}' + \bm{a}_0 \tag{7.11}$$

すなわち,K座標系で見たときの加速度はK′座標系で見たときの加速度に $\bm{a}_0$ を加えたものである.

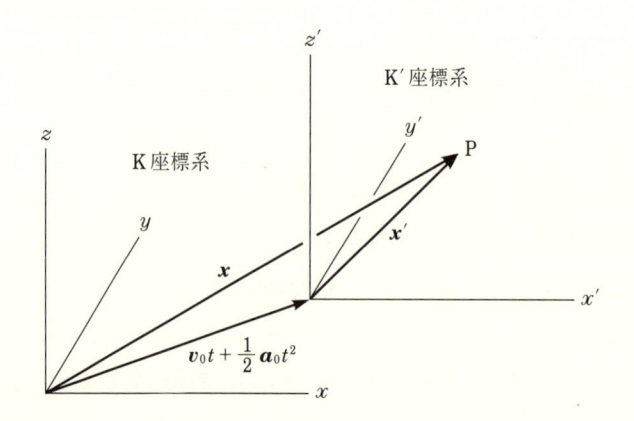

図 7.5 一定の加速度 a_0 で動く座標系 K′ と，位置座標の表現

この関係式を K 座標系における運動方程式 (2.2) に代入すると，
$$m(a' + a_0) = F$$
となる．左辺カッコ内の第 2 項を移項すると，
$$ma' = F - ma_0 \tag{7.12}$$

すなわち，加速度 a_0 で加速している K′ 座標系で運動を記述するときは，質量 m と加速度 a' の積は本来の力 F と $-ma_0$ の和である．後者は加速している座標系で運動を観察したために生じたものであり，その意味で見かけの力である．この力は**慣性力**とよばれる．

ここでは，K′ 座標系が一定の加速度で動く場合について (7.12) を導いた．しかし，(7.12) は加速度が時間的に変化する場合も同じ形で成立する．

加速する車両の中の運動

慣性力を含む運動方程式 (7.12) の応用として，一定の加速度 a_{0x} で x 方向に加速している車両の中で，重力を受けている質量 m の質点の運動を考えてみよう．

地上に固定した座標系を K，車両に固定した座標系を K′ とする．質点に

はたらく力は $\bm{F} = (0, 0, -mg)$ であり，$\bm{a}_0$ は $(a_{0x}, 0, 0)$ であるから，(7.12) を成分で表すと，

$$\left. \begin{array}{l} ma_x' = -ma_{0x} \\ ma_y' = 0 \\ ma_z' = -mg \end{array} \right\} \qquad (7.13)$$

となる．すなわち，この運動は $(-ma_{0x}, 0, -mg)$ という力を受けている場合と同じである．したがって，加速している座標系で運動を観察すると，元来存在する力と慣性力の重ね合せの力を受けて運動しているように見えるのである．

たとえば，車内の観察者にとって静止状態から物体を落下させると，図7.6のように斜め方向に見かけの重力 $(-ma_{0x}, 0, -mg)$ を受けて落下するように見える．車内のつり革は見かけの重力の方に向くし，車内のバケツに満たした水は見かけの重力に垂直な水面をもつ．

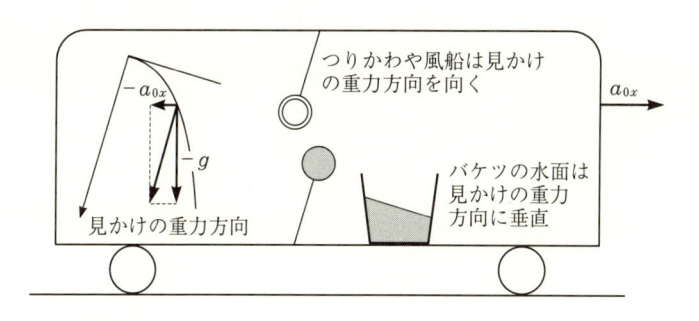

図 7.6 x 方向に加速する車両内の見かけの重力と運動

無重量状態

質量 m の物体が z 方向の下向きに重力 $-mg$ を受けて落下しているとする．z 方向に $-g$ の加速度で移動している K′ 座標系でこの運動を観察したらどのように見えるだろうか．K′ 座標系の加速度 $\bm{a}_0$ は $(0, 0, -g)$ であるから，(7.12) を成分で表すと，

$$\left.\begin{array}{l} ma_x' = 0 \\ ma_y' = 0 \\ ma_z' = -mg + mg = 0 \end{array}\right\} \quad (7.14)$$

となる．すなわち，この運動は，重力がはたらいていないで加速度をもたない運動と同じである．したがって，この座標系で観察した場合の質点の運動を**無重量状態**と形容する．無重量とは重さを感じないという意味である．この状態を無重力状態とよぶ場合がしばしばあるが，重力は常にはたらいているのでこの用語は正確ではない．

無重量状態に関する実験をするために，飛行中の航空機でエンジンをしばらく止め，翼のフラップを調節して自由落下の状態を実現させることがある．この航空機の中では物体も乗組員もふわふわと浮き上がり，見かけの上では重力を受けないような運動を示す．

[**例題 7.2**] 一定の加速度 a_{0z} で上向きに加速しているエレベーター内で物体の落下運動を観察するとどのような運動になるだろうか．(7.12)の z 成分を書け．エレベーター内で初速度 0 で質点を落下させた場合について，落下距離を時間の関数で表せ．

[**解**] (7.12)で $\boldsymbol{F} = (0, 0, -mg)$, $\boldsymbol{a}_0 = (0, 0, a_{0z})$ とすると，(7.12)の z 成分は，

$$ma_z' = -m(g + a_{0z})$$

これから，$a_z' = -(g + a_{0z})$．すなわち，大きさ $g + a_{0z}$ の等加速度をもつ自由落下の運動になる．通常の自由落下の公式で g を $g + a_{0z}$ に置き換えることにより，

$$\text{落下距離} = \frac{(g + a_{0z})t^2}{2}$$

宇宙ステーション内の微重力

　宇宙ステーションは，地球との万有引力が向心力となって地球の周りを一定の速度で円運動する．したがって，宇宙ステーション内の物体は地球に向かって近づくことがないので無重量状態になるはずである．しかし，完全な無重量状態はなかなか実現しない．宇宙ステーション内で物体の加速度を 10^{-3} m/s² 以下にすることは比較的容易である．現代の高度な技術を駆使すると 10^{-5} m/s² くらいが実現できる．これらの小さな重力を**微重力**とよぶ．

　完全な無重量状態を作り出せない理由は次のように説明される．地球の中心から宇宙船内の物体までの距離を r とする．地球との万有引力は r^2 に反比例し，向心力は r に比例する．したがって，万有引力が向心力に等しくなって完全な無重量状態が実現するのは r が特定の値になる場合だけであり，宇宙ステーションの中のある面内に限られる．さらに，宇宙ステーションの姿勢を完全に制御するのがむずかしい．宇宙ステーションが微弱な振動を始めることがあるし，中で人が動けばそれによって宇宙ステーションがわずかに動く．こうして微弱な加速度が常に生まれているのである．

§7.3　回転する座標系

遠心力

　読者は遊園地などで回転する台に乗ったことがあるだろうか．そのような台に乗ると回転の外側に向かう力を受けるように感じる．また，台の上を歩くと歩く方向に垂直な力を受けるように感じる．これらの現象は，回転する座標系で物体の運動を観察する場合に現れる見かけ上の力によって理解できる．回転する座標系で成立する運動方程式は，一般的には座標変換の方法で導出する．しかし，この節では数学的な煩雑さを避けるために直感的な方法で方程式を導くことにする．

　図 7.7 に示すように，バネにつながれた質量 m の質点が，xy 面内で原点の周りを一定の角速度 ω で半径 r の円運動をしているとしよう．以下では

xy 面内の 2 次元的な運動を考えることにする．§2.5 で見たように，この質点にはバネの復元力によって生じる大きさ $mr\omega^2$ の向心力がはたらいている．

図 7.7 に示すように，原点を共有し，原点の周りに質点と同じ角速度 ω で回転する K′ 座標系でこの運動を観察してみよう．K′ 座標系では原点の周りに回転する質点を同じ角速度で回転しながら観察することになるので，この質点は静止している

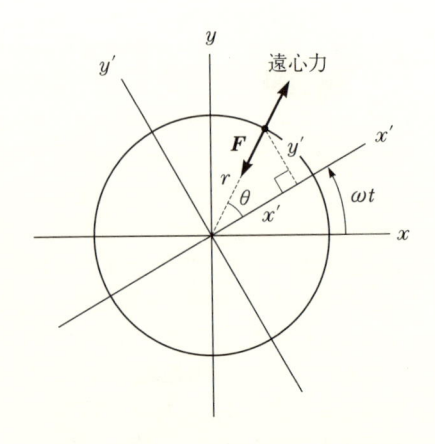

図 7.7 回転する質点を同じ角速度で回転する座標系で観察する．

ように見える．すると，この座標系では質点には力がはたらいていないように見える．元来，質点にはバネの復元力がはたらいているので，それとつり合う力がなければならない．この力は大きさが $mr\omega^2$ であり，半径方向外側を向いているはずである．この力を**遠心力**とよぶ．

この遠心力について，K′ 座標系で測った x' 方向と y' 方向の成分を求めよう．K′ 座標系で原点から質点に向かう方向と x' 軸との角度を θ とすると遠心力の x' 方向成分と y' 方向成分はそれぞれ $mr\omega^2 \cos\theta$, $mr\omega^2 \sin\theta$ である．一方，質点の位置を (x', y') とすると，

$$\cos\theta = \frac{x'}{r}, \quad \sin\theta = \frac{y'}{r}$$

である．これらを遠心力の各成分に代入すると，遠心力の成分は次のようになる．

$$\text{遠心力} = (mx'\omega^2, \, my'\omega^2) \tag{7.15}$$

バネの復元力は実際にはたらいている力であるが，遠心力は回転する座標

系で運動を観察するときに見かけ上現れるものであり，その意味で慣性力の一種である．

コリオリ力

角速度 ω で回転する K′ 座標系で質点を観察したとき，質点が速度成分 (v_x', v_y') をもって運動していたとしよう．質点が速度をもつことによって，**コリオリ力**とよばれ次式で表される見かけの力が生れる．

$$\text{コリオリ力} = (2mv_y'\omega, \ -2mv_x'\omega) \tag{7.16}$$

この名称はこの力を研究した 19 世紀のフランスの物理学者 G.G. コリオリからきている．コリオリは，運動エネルギーの定義に初めて因数 1/2 をつけ，また「仕事」という名称を提案した人でもある．

(7.16) の導出は，回転する座標系への座標変換という数学的技術を使わなければならないので，かなり面倒である．以下では，それとは別の直感的な方法で (7.16) を導いてみよう．ただし，理解しにくければ読み飛ばして

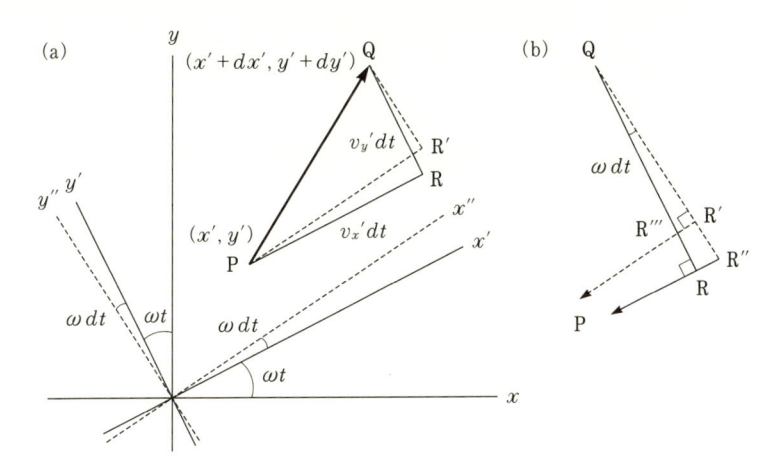

図 7.8 (a) 角速度 ω で回転する座標系で見た，時間 dt の間の質点の移動量．質点は P から Q へ移動する．移動量の成分 dx', dy' を計算する．(b) 点 QRR″ 付近の拡大図．

かまわない。

図 7.8(a) に示すように，短い時間間隔 dt の間に質点が点 P(x', y') から点 Q($x' + dx'$, $y' + dy'$) に移動したとする。K 座標系に対して K′ 座標系は角速度 ω で回転しているので，dt の間に K′ 座標系は角度 $\omega\,dt$ だけ回転する。図ではこの回転の前後の座標軸をそれぞれ (x', y'), (x'', y'') で表した。

もし，K′ 座標系が傾いているだけで回転しないなら，移動量の x', y' 成分である (dx', dy') はそれぞれ図中の PR, RQ に等しく，($v_x'\,dt$, $v_y'\,dt$) となるはずである。ところが，座標系が回転しているために dt だけ後では座標軸が x'' 軸，y'' 軸に来ている。そのために移動量の成分は x'' 軸と y'' 軸に関して求める必要がある。これらは図中の PR′, R′Q になる。そこで，以下で PR′, R′Q を計算しよう。

図 7.8(b) に示すように，角 RQR′ は $\omega\,dt$ に等しく，微小な量であるので，

$$RR'' = QR \tan(\omega\,dt) \fallingdotseq QR\,\omega\,dt = v_y'\,dt\,\omega\,dt$$

同様に，角 RPR‴ は $\omega\,dt$ に等しいので，

$$RR''' = PR \tan(\omega\,dt) \fallingdotseq PR\,\omega\,dt = v_x'\,dt\,\omega\,dt$$

ところで，三角形 PR″R′ と三角形 QR′R‴ がともに細長い三角形であることから，

$$PR' \fallingdotseq PR'', \qquad QR' \fallingdotseq QR'''$$

以上から，x'' 軸と y'' 軸に関する移動量の成分は，

$$\left.\begin{array}{l} PR' \fallingdotseq PR'' = PR + RR'' = v_x'\,dt + v_y'\,\omega\,dt^2 \\ QR' \fallingdotseq QR''' = QR - RR''' = v_y'\,dt - v_x'\,\omega\,dt^2 \end{array}\right\} \quad (7.17)$$

これらの結果を重力による落下運動の公式 (2.15) をもとに解釈してみよう。落下運動において，初速度 v_{0z}，加速度 ($-g$) で時間 dt だけ運動すると，落下距離 dz は

$$dz = v_{0z}\,dt + \frac{-g}{2}\,dt^2$$

と表される。これと (7.17) とで dt^2 に比例する項同士を比べると，移動量の成分にはそれぞれ加速度の成分 ($2v_y'\omega$, $-2v_x'\omega$) による部分が含まれていることがわかる。このことは，回転する座標系のなかで運動する質点はこれらの見かけの加速度成分をもち，それに質量を掛けた見かけの力 ($2mv_y'\omega$, $-2mv_x'\omega$) を受けてい

ることを意味する．これが (7.16) のコリオリ力である．

回転座標系での運動方程式

角速度 ω で回転する座標系で，質点の 2 次元的な運動を解くための一般的な方程式は (7.15), (7.16) を用いて導くことができる．質量 m の質点が力 $\boldsymbol{F} = (F_x, F_y)$ を受けながらこの座標系の中で運動しているとしよう．その位置座標を (x, y), 速度を (v_x, v_y) とする．いままでは回転する座標系における量にはダッシュをつけたが，ここではそれは省略する．

質点の運動は，力 F，遠心力，およびコリオリ力を重ね合わせた次式によって決定される．

$$m \frac{d^2 x}{dt^2} = F_x + m x \omega^2 + 2 m v_y \omega \tag{7.18}$$

$$m \frac{d^2 y}{dt^2} = F_y + m y \omega^2 - 2 m v_x \omega \tag{7.19}$$

この方程式の応用として次の問題を考えてみよう．図 7.9 のように，回転する円盤の上で，円盤に固定された座標系の x 軸に沿って中心に向けて速さ v で歩いている人がいるとしよう．この人がこの動きを続けるためには床にどのような力を加えねばならないだろうか．

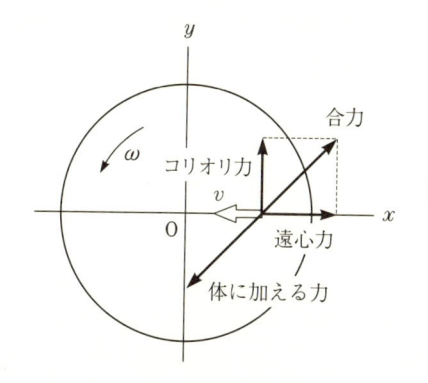

図 7.9 回転する円盤上で，中心に向かう動きを維持するために必要な力．遠心力とコリオリ力の合力が生じるので，その方向に足をふんばって，この合力につり合う力を体に加えている．

7. 相対運動と回転座標系

図のように，遠心力は回転の外側（x軸の正方向）を向いている．$v_x = -v$，$v_y = 0$ であるから，(7.18)，(7.19) からコリオリ力は y 成分だけをもつ．両方の力の合力はこの図では右上を向いている．したがって，一定の速さで中心に移動するためには，この合力につり合う力を常に体に加えねばならない．このような力を加えないでおくと，体の位置はコリオリ力のために y の正方向にずれ，同時に遠心力のために中心から離れていく．

[例題 7.3] 図 7.9 で，ちょうど中心 O の上を y 軸の正方向に一定の速さ v で歩いていたとする．この歩きを続けるためには体にどのような力を加えねばならないか．

[解] 中心 O では $x = y = 0$ であり，速度ベクトルは $(0, v)$ である．一定の速度で歩いているので (7.18)，(7.19) の左辺は 0．したがって

低気圧の周りの風向き

風は高気圧から低気圧に向かって吹くということが理科の教科書に書いてある．しかし，これはまちがいであり，風は高気圧と低気圧を結ぶ線に垂直に吹く．このとき空気にはどのような力がはたらいているだろうか．

地球の自転は北極の上空から見ると反時計回りであり，地面に固定した座標系は正の角速度 ω で回転している．日本のような中緯度でも，地面に固定した座標系は北極よりは弱いがやはり正の角速度で回っている．

高気圧と低気圧の間の空気には，圧力の差によって高気圧から低気圧に向かう力（図中の F）がはたらいている．低気圧の周りに反時計回りに風が吹くとしたら，高気圧と低気圧の間には，速さ v_y の上向きの風が吹いている．すると，(7.18) によって右向きのコリオリ力（図中の F'）がはたらく．これら 2 つの力がつり合って，空気は低気圧の周りを回るのである．この力のつり合いを**地衡風平衡**とよんでいる．

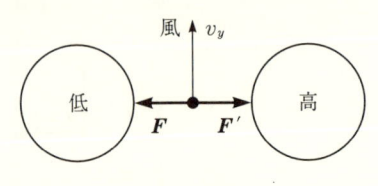

$$F_x = -mx\omega^2 - 2mv\omega = -2mv\omega, \qquad F_y = -mg\omega^2 + 2mv_x\omega = 0$$

したがって，x の負方向に大きさ $2mv\omega$ の力を加えねばならない．

演習問題

[1] 静止座標系で見たとき，第1章の (1.50) で表される円運動をする質点がある．この座標系に対して x の負方向に速さ v_0 で動く座標系でこの質点の運動を観察したら，位置座標はどのように表されるか．その運動の加速度ベクトルの成分はどうなるか．

[2] 地上から鉛直方向に初速度 V_0 で物体を打ち上げた．鉛直上方に z 軸をとり，水平方向に x 軸をとる．この運動を x の正方向に速さ U_0 で動く座標系 K′ で観察する．

（1） 座標系 K′ ではこの物体はどんな軌道を描くか．

（2） 座標系 K′ で観察した運動について，力学的エネルギーを求めよ．

[3] 鉛直上方に一定の加速度 a_0 で上昇しているエレベーターがある．

（1） この中で質量 m の物体の重さを ばねばかり で測ると，はかりの目盛はどんな数値を指すか．

（2） この中に立っている人がこの物体を h m だけ持ち上げた．この人はどれだけの仕事をしたか．

[4] 自動車で時速 72 km で走行中に急ブレーキをかけたとき，自動車は2秒で停止した．そのとき車中にいた体重 60 kg の人が床をふんばった．そのとき足が感じた力はいくらだったか．また，車内の天井からひもがぶら下がっていた．そのひもは鉛直方向からどれだけ傾いたか．いずれも有効数字2桁で概算せよ．

[5] 角速度 ω で回転するバケツに水が入っていて，水も同じ角速度で回っているとする．半径方向の座標を r，鉛直上方の座標を z とする．z を r の関数で表すことにより水面の形を求めよ．（ヒント： 重力と遠心力により見かけの重力

が決まる．水面はこの重力の方向に垂直である．)

[6] 一端 O を中心として一定の角速度 ω で回転するなめらかな棒に質量 m の輪がはめてある．回転する棒に固定した座標系を選び，棒の方向に x 軸をとる．O 点で $x = 0$ とする．

(1) この座標系によって記述したときの輪の運動方程式を求めよ．

(2) この運動方程式の解を求めよ．ただし，$t = 0$ で，$x = a$，速度 $v = 0$ とする．(付録 C：微分方程式の解法を参照せよ)

(3) (2)で求めた運動の際，輪には棒に垂直な方向にコリオリ力がはたらいている．この力を求めよ．

付録A 数学公式

A.1 三角関数

$\tan\theta = \dfrac{\sin\theta}{\cos\theta}$, $\qquad \cot\theta = \dfrac{\cos\theta}{\sin\theta}$

$\sin^2\theta + \cos^2\theta = 1$

$\sin(-\theta) = -\sin\theta$, $\qquad \cos(-\theta) = \cos\theta$,

$\tan(-\theta) = -\tan\theta$

$\sin(\pi - \theta) = \sin\theta$, $\qquad \cos(\pi - \theta) = -\cos\theta$, $\qquad \tan(\pi - \theta) = -\tan\theta$

$\sin(\pi/2 - \theta) = \cos\theta$, $\qquad \cos(\pi/2 - \theta) = \sin\theta$, $\qquad \tan(\pi/2 - \theta) = \cot\theta$

$\sin(\theta + \pi) = -\sin\theta$, $\qquad \cos(\theta + \pi) = -\cos\theta$, $\qquad \tan(\theta + \pi) = \tan\theta$

加法定理：

$\sin(\alpha \pm \beta) = \sin\alpha\cos\beta \pm \cos\alpha\sin\beta$

$\cos(\alpha \pm \beta) = \cos\alpha\cos\beta \mp \sin\alpha\sin\beta$

$\tan(\alpha \pm \beta) = \dfrac{\tan\alpha \pm \tan\beta}{1 \mp \tan\alpha\tan\beta}$

三角関数の合成：

$A\sin\theta + B\cos\theta = \sqrt{A^2 + B^2}\sin(\theta + \phi)$, $\qquad \tan\phi = B/A$

A.2 指数関数と対数関数

$a^x a^y = a^{x+y}$, $\qquad (a^x)^y = a^{xy}$, $\qquad a^{-x} = 1/a^x$, $\qquad a^0 = 1$

$y = a^x \Leftrightarrow x = \log_a y \quad (a > 0,\ y > 0)$

$y = e^x \Leftrightarrow x = \log y \quad (a > 0,\ y > 0)$ 注：底の e は省略する．

$\log(xy) = \log x + \log y$, $\qquad \log\left(\dfrac{x}{y}\right) = \log x - \log y \quad (x > 0,\ y > 0)$

$\log\left(\dfrac{1}{x}\right) = -\log x$, $\qquad \log x^n = n\log x$, $\qquad \log 1 = 0$,

$\qquad\qquad\qquad\qquad\qquad\qquad \log_a x = \dfrac{\log_b x}{\log_b a} \quad (x > 0)$

A.3 微分積分, 偏微分 (f', g' は, f, g の導関数を表す)

原始関数	導関数	原始関数	導関数
C(定数)	0	$f(at)$	$a f'(at)$
t^n	nt^{n-1}	$a f(t) + b g(t)$	$a f'(t) + b g'(t)$
$\sin \omega t$	$\omega \cos \omega t$	関数の積の微分	
$\cos \omega t$	$-\omega \sin \omega t$	$f(t) g(t)$	$f'(t) g(t) + f(t) g'(t)$
$\tan \omega t$	$\omega \sec^2 \omega t$	合成関数の微分	
$\log |t|$	$1/t$	$f(g(t))$	$f'(g(t)) \cdot g'(t)$
e^{at}	$a e^{at}$	$g(t)^2/2$	$g(t) \cdot g'(t)$
$\sin^{-1}(t/C)$	$1/\sqrt{C^2 - t^2}$	$g'(t)^2/2$	$g'(t) \cdot g''(t)$
$\tan^{-1}(t/C)$	$C/(C^2 + t^2)$		

偏微分: $f = f(x, y, z)$ とする. (記号 $\lim_{dx \to 0}$ は省略する)

$$\frac{\partial f}{\partial x} = \frac{f(x + dx, y, z) - f(x, y, z)}{dx}$$

$$\frac{\partial f}{\partial y} = \frac{f(x, y + dy, z) - f(x, y, z)}{dy}$$

$$\frac{\partial f}{\partial z} = \frac{f(x, y, z + dz) - f(x, y, z)}{dz}$$

勾配(gradient): $\mathrm{grad}\, f = \nabla f = (\partial f/\partial x,\ \partial f/\partial y,\ \partial f/\partial z)$

A.4 テイラー展開 ($|x| \ll 1$ と仮定する)

$(1 + x)^n = 1 + nx + n(n - 1) x^2/2! + \cdots$

$\sqrt{1 + x} = 1 + x/2 - x^2/8 + \cdots$

$e^x = 1 + x + x^2/2! + \cdots$

$\log(1 + x) = x - x^2/2 + \cdots$

$\sin x = x - x^3/3! + \cdots$

$\cos x = 1 - x^2/2! + \cdots$

$\tan x = x + x^3/3 + \cdots$

$n! = n \cdot (n - 1) \cdots 2 \cdot 1$

A.5 複素変数の指数関数 ($i^2 = -1$)

$$e^{i\theta} = \cos\theta + i\sin\theta, \qquad e^{-i\theta} = \cos\theta - i\sin\theta$$
$$\cos\theta = (e^{i\theta} + e^{-i\theta})/2, \qquad \sin\theta = (e^{i\theta} - e^{-i\theta})/2i$$

付録B ベクトル

B.1 単位ベクトル

$\boldsymbol{i}, \boldsymbol{j}, \boldsymbol{k}$: x, y, z方向を向く長さ1のベクトル

$$\boldsymbol{i}\cdot\boldsymbol{i} = \boldsymbol{j}\cdot\boldsymbol{j} = \boldsymbol{k}\cdot\boldsymbol{k} = 1$$
$$\boldsymbol{i}\cdot\boldsymbol{j} = \boldsymbol{j}\cdot\boldsymbol{k} = \boldsymbol{k}\cdot\boldsymbol{i} = 0$$

単位ベクトルによる位置ベクトル $\boldsymbol{r}$ の表現

$$\boldsymbol{r} = x\boldsymbol{i} + y\boldsymbol{j} + z\boldsymbol{k}$$
$$= (x, y, z)$$

2つのベクトル $\boldsymbol{a}, \boldsymbol{b}$ を下記のように定義する．

$$\boldsymbol{a} = a_x\boldsymbol{i} + a_y\boldsymbol{j} + a_z\boldsymbol{k}, \qquad \boldsymbol{b} = b_x\boldsymbol{i} + b_y\boldsymbol{j} + b_z\boldsymbol{k}$$

和と差：
$$\boldsymbol{a} \pm \boldsymbol{b} = (a_x\boldsymbol{i} + a_y\boldsymbol{j} + a_z\boldsymbol{k}) \pm (b_x\boldsymbol{i} + b_y\boldsymbol{j} + b_z\boldsymbol{k})$$
$$= (a_x \pm b_x)\boldsymbol{i} + (a_y \pm b_y)\boldsymbol{j} + (a_z \pm b_z)\boldsymbol{k}$$

分配法則： $k(\boldsymbol{a} + \boldsymbol{b}) = k\boldsymbol{a} + k\boldsymbol{b}$

スカラーとの積： $k\boldsymbol{a} = ka_x\boldsymbol{i} + ka_y\boldsymbol{j} + ka_z\boldsymbol{k}$

B.2 内積（スカラー積）

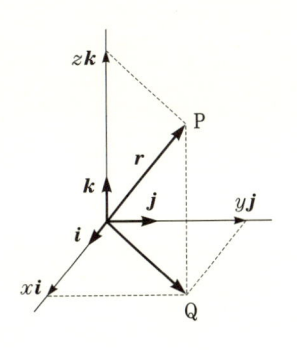

$$\boldsymbol{a}\cdot\boldsymbol{b} = |\boldsymbol{a}|\cdot|\boldsymbol{b}|\cos\theta$$
$$= (a_x\boldsymbol{i} + a_y\boldsymbol{j} + a_z\boldsymbol{k})\cdot(b_x\boldsymbol{i} + b_y\boldsymbol{j} + b_z\boldsymbol{k}) = a_xb_x + a_yb_y + a_zb_z$$
$$\boldsymbol{a}\cdot\boldsymbol{a} = |\boldsymbol{a}|^2 = a_x^2 + a_y^2 + a_z^2$$

$\boldsymbol{a} \perp \boldsymbol{b}$ ならば， $\boldsymbol{a}\cdot\boldsymbol{b} = 0$

分配法則：　$\boldsymbol{a}\cdot(\boldsymbol{b}+\boldsymbol{c}) = \boldsymbol{a}\cdot\boldsymbol{b}+\boldsymbol{a}\cdot\boldsymbol{c}$

内積の微分：　$\dfrac{d}{dt}(\boldsymbol{a}\cdot\boldsymbol{b}) = \dfrac{d\boldsymbol{a}}{dt}\cdot\boldsymbol{b} + \boldsymbol{a}\cdot\dfrac{d\boldsymbol{b}}{dt}$

$$\dfrac{d}{dt}|\boldsymbol{a}|^2 = \dfrac{d}{dt}(\boldsymbol{a}\cdot\boldsymbol{a}) = 2\dfrac{d\boldsymbol{a}}{dt}\cdot\boldsymbol{a}$$

B.3　外積（ベクトル積）

$\boldsymbol{c} = \boldsymbol{a}\times\boldsymbol{b}$

$|\boldsymbol{c}| = |\boldsymbol{a}|\cdot|\boldsymbol{b}|\sin\theta,\qquad \boldsymbol{c}\perp\boldsymbol{a},\qquad \boldsymbol{c}\perp\boldsymbol{b}$

外積の性質

$\boldsymbol{a}\times\boldsymbol{a} = 0$

$\boldsymbol{a},\ \boldsymbol{b}$ が平行なら $\boldsymbol{a}\times\boldsymbol{b} = 0$

$\boldsymbol{a}\times\boldsymbol{b} = -\boldsymbol{b}\times\boldsymbol{a}$

単位ベクトルの外積と，外積の成分表示

$\boldsymbol{i}\times\boldsymbol{i} = \boldsymbol{j}\times\boldsymbol{j} = \boldsymbol{k}\times\boldsymbol{k} = 0$

$\boldsymbol{i}\times\boldsymbol{j} = \boldsymbol{k},\qquad \boldsymbol{j}\times\boldsymbol{k} = \boldsymbol{i},\qquad \boldsymbol{k}\times\boldsymbol{i} = \boldsymbol{j}$

$\boldsymbol{a}\times\boldsymbol{b} = (a_x\boldsymbol{i}+a_y\boldsymbol{j}+a_z\boldsymbol{k})\times(b_x\boldsymbol{i}+b_y\boldsymbol{j}+b_z\boldsymbol{k})$
$\qquad = (a_yb_z - a_zb_y)\boldsymbol{i} + (a_zb_x - a_xb_z)\boldsymbol{j} + (a_xb_y - a_yb_x)\boldsymbol{k}$

分配法則：　$\boldsymbol{a}\times(\boldsymbol{b}+\boldsymbol{c}) = \boldsymbol{a}\times\boldsymbol{b} + \boldsymbol{a}\times\boldsymbol{c}$

$\qquad\qquad (\boldsymbol{b}+\boldsymbol{c})\times\boldsymbol{a} = \boldsymbol{b}\times\boldsymbol{a} + \boldsymbol{c}\times\boldsymbol{a}$

外積の微分：　$\dfrac{d}{dt}(\boldsymbol{a}\times\boldsymbol{b}) = \dfrac{d\boldsymbol{a}}{dt}\times\boldsymbol{b} + \boldsymbol{a}\times\dfrac{d\boldsymbol{b}}{dt}$

B.4　三重積

$\boldsymbol{a}\cdot(\boldsymbol{b}\times\boldsymbol{c}) = \boldsymbol{b}\cdot(\boldsymbol{c}\times\boldsymbol{a}) = \boldsymbol{c}\cdot(\boldsymbol{a}\times\boldsymbol{b})$

（3つのベクトル $\boldsymbol{a},\boldsymbol{b},\boldsymbol{c}$ で作られる平行六面体の体積）

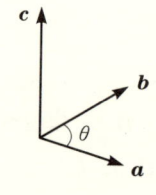

$\boldsymbol{a}\times(\boldsymbol{b}\times\boldsymbol{c}) = (\boldsymbol{a}\cdot\boldsymbol{c})\boldsymbol{b} - (\boldsymbol{a}\cdot\boldsymbol{b})\boldsymbol{c}$

付録 C　微分方程式

C.1　簡単な微分方程式

　　　　（t は独立変数，u' は u の微分，C, C' 等は積分定数）

（1）$u' = f(t)$

　　　$\Rightarrow$　右辺の直接積分によって，$u = \int f(t)\, dt + C$

（2）$u' = pu$（p は定数）

　　　$\Rightarrow$　変数分離法により，$\dfrac{du}{u} = p\, dt$　$\Rightarrow$　$\log|u| = pt + C'$

　　　$\Rightarrow$　$|u| = e^{pt+C'}$　$\Rightarrow$　$u = C\, e^{pt}$

（3）$u' = p(t)\, u$

　　　$\Rightarrow$　変数分離法により，$\dfrac{du}{u} = p(t)\, dt$　$\Rightarrow$　$\log|u| = \int p(t)\, dt + C'$

　　　$\Rightarrow$　$|u| = e^{\int p\, dt + C'}$　$\Rightarrow$　$u = C\, e^{\int p\, dt}$

（4）$u' = p(t)\, u + q(t)$

　　・　$q(t) = 0$ のとき，（3）より $u = C\, e^{\int p\, dt}$

　　・　$q(t) \neq 0$ のとき，この解で $C = C(t)$ と仮定して元の方程式に代入する．

　　　$\Rightarrow$　$e^{\int p\, dt} \cdot \dfrac{dC}{dt} = q(t)$　$\Rightarrow$　$C = \int e^{-\int p\, dt}\, q(t)\, dt + D$

　　　$\Rightarrow$　$u = e^{\int p\, dt} \left(\int e^{-\int p\, dt}\, q(t)\, dt + D \right)$

（5）$u' = g(u)$

　　　$\Rightarrow$　変数分離法により，$\dfrac{du}{g(u)} = dt$　$\Rightarrow$　$\int \dfrac{du}{g(u)} = t + C$

C.2 線形微分方程式に関する定理

（1） $u'' + a(t)u' + b(t)u = 0$ の特解として u_1, u_2 が求められたとすると，
$u = C_1 u_1 + C_2 u_2$ が一般解である（C_1, C_2 は未定定数）．

（2） $u'' + a(t)u' + b(t)u = f(t)$ の一般解は $u = u_G(t) + u_S(t)$ である．
$u_G(t)$： $u'' + a(t)u' + b(t)u = 0$（斉次方程式）の一般解
$u_S(t)$： $u'' + a(t)u' + b(t)u = f(t)$（非斉次方程式）の特解

C.3 定数係数の線形微分方程式の解法

$u'' + au' + bu = 0$ の特解を $u = e^{pt}$ とする．これを方程式に代入すると，
$$p^2 e^{pt} + a p e^{pt} + b e^{pt} = 0 \;\Rightarrow\; p^2 + ap + b = 0$$
この 2 次方程式の解を p_1, p_2 とする．$p_1 \neq p_2$ のとき，特解は $e^{p_1 t}$, $e^{p_2 t}$, 一般解は $u = C_1 e^{p_1 t} + C_2 e^{p_2 t}$．

$p_1 = p_2$ のとき，$u = C(t) e^{p_1 t}$ と置いて元の方程式に代入すると
$$C'' = 0 \;\Rightarrow\; u = (At + B) e^{p_1 t}$$

例(1) $u'' + \omega^2 u = 0$
$$p_1 = i\omega, \; p_2 = -i\omega \;\Rightarrow\; u = C_1 e^{i\omega t} + C_2 e^{-i\omega t}$$
付録 A.5 から，$e^{i\omega t}$, $e^{-i\omega t}$ を $\sin \omega t$, $\cos \omega t$ で表すと，
$$u = A \cos \omega t + B \sin \omega t$$

例(2) $u'' - \omega^2 u = 0$
$$p_1 = \omega, \; p_2 = -\omega \;\Rightarrow\; u = C_1 e^{\omega t} + C_2 e^{-\omega t}$$

例(3) $u'' + 2\gamma u' + \omega_0^2 u = 0$
第 4 章の (4.27) と同じ方程式である．本文中に説明した解法により，

- $\omega_0^2 > \gamma^2$ のとき， $u = A e^{-\gamma} \sin(\omega_1 t + \alpha)$, $\omega_1^2 = \omega_0^2 - \gamma^2$
- $\omega_0^2 < \gamma^2$ のとき， $u = A_+ e^{-(\gamma - \sigma)t} + A_- e^{-(\gamma + \sigma)t}$, $\sigma^2 = \gamma^2 - \omega_0^2$
- $\omega_0^2 = \gamma^2$ のとき， $u = (At + B) e^{-\gamma t}$

演習問題解答

第 1 章

[1] 片方の式から t を求め，他方の式に代入すれば，軌道の方程式を得る．あるいは，三角関数の三平方の定理（付録 A）を用いる．
（1） 第1式から $t = (x-3)/2$. これを第2式に代入して $y = -x/2 + 7/2$.
（2） $\cos(\pi t) = x/2$, $\sin(\pi t) = y$ である．三平方の定理から，$(x/2)^2 + y^2 = 1$.
（3） $t = x$ を第2式に代入して $y = \sin(\pi x)$.

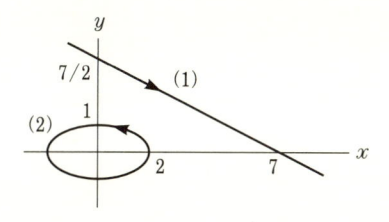

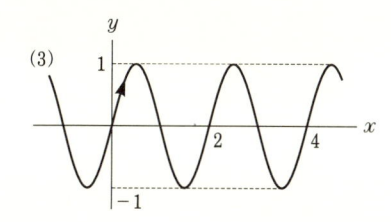

[2] r, θ のどれかが一定のとき，直線か円になる．そうでない場合は，数個の点を打って軌道を求めればよい．
（1） r は変化し，θ は一定なので，軌道は半径方向の直線になる．
（2） θ は変化し，r は一定なので，軌道は円になる．
（3） 両式から t を消去すると $r = (k/\omega)\theta$. この軌道はアルキメデスらせんとよばれる．軌道を描くには，$\theta = \pi/4$, $\pi/2$, π, $3\pi/2$, 2π, 等について r を

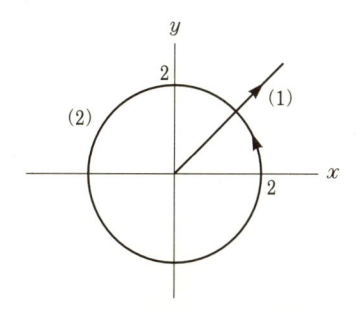

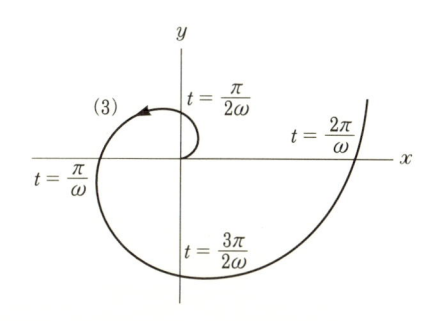

求め，点を打てばよい．

[3] まず，xy 面，yz 面，あるいは zx 面で簡単な軌道になるか調べる．その後で第 3 の座標の変化に着目する．

（1）(1.50)から xy 面内では円運動である．一方，z 座標は等速度で増加する．このときの軌道は，z 方向にのびていくらせん（つるまき線ともよぶ）になる．

（2）x, y から t を消去すると直線 $y = x$ になる．xy 面内では直線 $y = x$ に沿う等速度運動である．(1.39)と比べてみると，z 方向には落下運動であることがわかる．この軌道は xz 面と yz 面の二等分面（垂直な面）内での放物線である．

（3）$x = 0$ ということから yz 面内の運動である．z 方向に伸び，y 方向に振動する正弦波（sin 関数の曲線）になる．

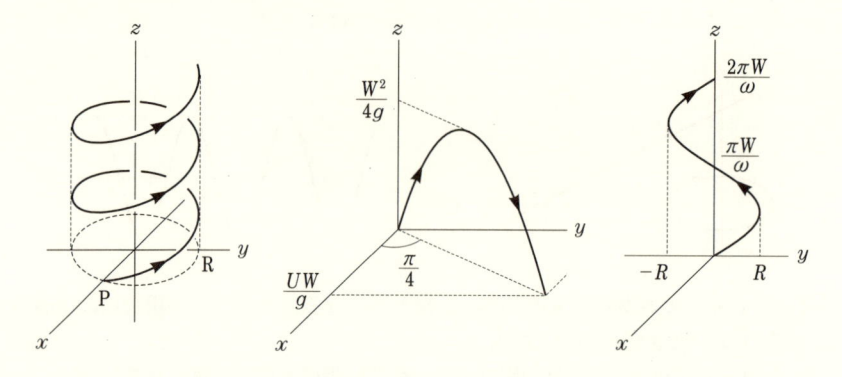

[4] 和，内積，$\cos\theta$ は，それぞれ(1.6)，(1.11)，(1.10)を応用して求める．

（1）$\boldsymbol{a} + \boldsymbol{b} = (1, 1, 3)$．$\boldsymbol{a} \cdot \boldsymbol{b} = 2$．$|\boldsymbol{a}| = 1$，$|\boldsymbol{b}| = \sqrt{6}$ から $\cos\theta = \boldsymbol{a} \cdot \boldsymbol{b}/|\boldsymbol{a}||\boldsymbol{b}| = 2/\sqrt{6}$．

（2）$\boldsymbol{a} + \boldsymbol{b} = (1.5, 1, -2)$．$\boldsymbol{a} \cdot \boldsymbol{b} = 0.5$．$|\boldsymbol{a}| = \sqrt{5}$，$|\boldsymbol{b}| = \sqrt{5}/2$ から $\cos\theta = 1/5$．

[5] [1]の各成分を t で微分して $\boldsymbol{v}$，$\boldsymbol{a}$ を求める．

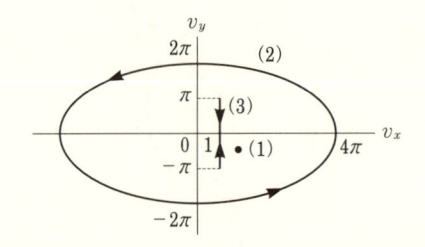

（1）$\boldsymbol{v} = (2, -1)$，$\boldsymbol{a} = (0, 0)$．ホドグラフは 1 点になる．

（2）$\boldsymbol{v} = (-4\pi\sin 2\pi t, \ 2\pi\cos 2\pi t)$，

$\boldsymbol{a} = (-8\pi^2 \cos 2\pi t, \; -4\pi^2 \sin 2\pi t)$. ホドグラフは楕円.

(3) $\boldsymbol{v} = (1, \; \pi \cos \pi t)$, $\boldsymbol{a} = (0, \; -\pi^2 \sin \pi t)$. ホドグラフは y 方向を向く線分.

[6] (1) 加速度は，速度を微分することにより,
$$a = \frac{dv}{dt} = -kUe^{-kt}$$

(2) 位置座標は，速度を積分して
$$x = \int_0^t v\,dt = \left[-\frac{Ue^{-kt}}{k}\right]_0^t = \frac{U(1-e^{-kt})}{k}$$

[7] (1) s, y 面内の円運動は，(1.50)で x を s に置き換えて，
$$s(t) = R\cos\omega t, \qquad y(t) = R\sin\omega t$$
と表される．(1.43)から，x, z を求めることにより,
$$x = R\cos\omega t \cos\theta, \qquad y = R\sin\omega t, \qquad z = h - R\cos\omega t \sin\theta$$
となる．なお，sin と cos をとり換えて，
$$s(t) = R\sin\omega t, \qquad y(t) = R\cos\omega t$$
として計算してもよい．

(2) (1)で求めた x, y, z を2回微分することにより,
$$\frac{d^2 x}{dt^2} = -\omega^2 R\cos\theta\cos\omega t$$
$$\frac{d^2 y}{dt^2} = -\omega^2 R\sin\omega t$$
$$\frac{d^2 z}{dt^2} = \omega^2 R\sin\theta\cos\omega t$$

[8] 加速度を積分し，$v(0) = v_0$ を用いて $v(t)$ を求める．さらに1回積分し，$x(0) = x_0$ を用いて $x(t)$ を求める．
$$v(t) = \int_0^t (-a\cos\omega t)dt + v_0 = \left[-\frac{a\sin\omega t}{\omega}\right]_0^t + v_0 = -\frac{a\sin\omega t}{\omega} + v_0$$
$$x(t) = \int_0^t v\,dt + x_0 = \left[\frac{a\cos\omega t}{\omega^2}\right]_0^t + v_0 t + x_0 = \frac{a(\cos\omega t - 1)}{\omega^2} + v_0 t + x_0$$

[9] (1) 棒の左端の x 軸からの高さは $R\sin\omega t$ である．これから,
$$\sin\phi = \frac{R\sin\omega t}{L}$$

(2) x は，斜辺の長さが L, R である2つの直角三角形の底辺から求める．$\cos\phi$ は，(1)の $\sin\phi$ から求める．以上から,
$$x = L\cos\phi + R\cos\omega t$$
$$= L\sqrt{1 - \frac{R^2\sin^2\omega t}{L^2}} + R\cos\omega t$$

[10] (1) 地球の速度は，軌道の周囲長を1年の日数で割ることにより，
$$v = \frac{2\pi \times 1.5 \times 10^8}{365}$$
$$= 2.58 \times 10^6 \text{ km/日}$$
地球から見たときの月の速さは，同様に
$$\frac{2\pi \times 3.8 \times 10^5}{27.3}$$
$$= 8.74 \times 10^4 \text{ km/日}$$
v_1, v_2 はこれらの和と差であるから，
$$v_1 = 2.58 \times 10^6 + 8.74 \times 10^4$$
$$= 2.7 \times 10^6 \text{ km/日}$$
$$v_2 = 2.58 \times 10^6 - 8.74 \times 10^4$$
$$= 2.5 \times 10^6 \text{ km/日}$$

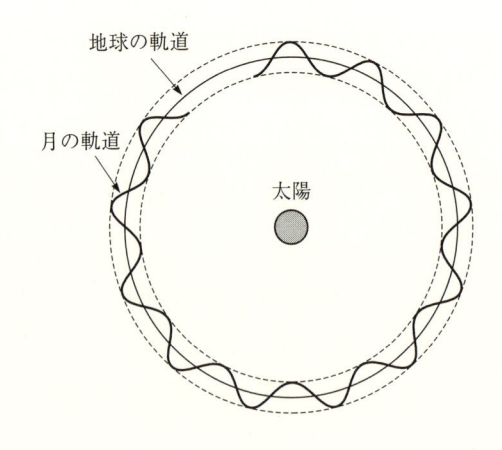

(2) 図参照．ただし，地球を回る月の軌道半径はかなり拡大して描いてある．外側と内側の円は，実際はもっと近づいている．したがって，実線で表した軌道はほとんど円軌道であり，どこも外側に凸になっているはずである．

第 2 章

[1] 第2章の［例題2.3］の答に $x_0 = 0$, $z_0 = 0$ を代入する．これらのうち x, z は，
$$x = v_0 \cos\theta \, t, \qquad z = -\frac{gt^2}{2} + v_0 \sin\theta \, t$$
第1式から求めた $t = x/(v_0 \cos\theta)$ を第2式に代入すると，軌道の式は，
$$z = -\frac{g\left(\dfrac{x}{v_0 \cos\theta}\right)^2}{2} + \frac{v_0 \sin\theta}{v_0 \cos\theta} x$$
これを変形し，
$$z = -\frac{g}{2v_0^2 \cos^2\theta}\left(x - \frac{v_0^2 \sin\theta \cos\theta}{g}\right)^2 + \frac{v_0^2 \sin^2\theta}{2g}$$
第1項目が0のとき，z が最大になる．そのときの z の値が h である．軌道は放

物線であるから，z が最大になるときの x の値の 2 倍が飛距離 L である．これから，

$$h = \frac{v_0{}^2 \sin^2 \theta}{2g}, \qquad L = \frac{2v_0{}^2 \sin \theta \cos \theta}{g} = \frac{v_0{}^2 \sin 2\theta}{g}$$

L が最大になるのは $\sin 2\theta = 1$，すなわち $\theta = \pi/4$（45°）の場合である．

[2] 物体は y 方向には運動していないので，ベクトルの y 成分は常に 0 である．

（1） 衝突前の運動量の大きさは $2\,\mathrm{kg\,m/s}$ であり，x, y 成分はそれに $\cos 45°$, $\sin 45°$ を掛けたものであるから，運動量ベクトルは，

$$\boldsymbol{p}_1 = (\sqrt{2},\ 0,\ -\sqrt{2}) \quad (\mathrm{kg\,m/s})$$

同様に衝突後の運動量ベクトルは，大きさ $1.5\,\mathrm{kg\,m/s}$ に $\cos 60°$, $\sin 60°$ を掛けて，

$$\boldsymbol{p}_2 = \left(\frac{3}{4},\ 0,\ \frac{3\sqrt{3}}{4}\right)$$

（2） 力積 $\boldsymbol{F}\tau$ は，衝突後の運動量と衝突前の運動量の差であるから，

$$\boldsymbol{F}\tau = \boldsymbol{p}_2 - \boldsymbol{p}_1 = \left(\frac{3}{4} - \sqrt{2},\ 0,\ \frac{3\sqrt{3}}{4} + \sqrt{2}\right) \quad (\mathrm{kg\,m/s})$$

（3） 力 $\boldsymbol{F}$ は力積を時間で割ったものであるから，

$$\boldsymbol{F} = \frac{\boldsymbol{p}_2 - \boldsymbol{p}_1}{0.01} = (75 - 100\sqrt{2},\ 0,\ 75\sqrt{3} + 100\sqrt{2}) \fallingdotseq (-66,\ 0,\ 270) \quad (\mathrm{N})$$

注意： 力の大きさが時間的に変化する場合は，ここで求めた $\boldsymbol{F}$ は力の平均値になる．

[3] ひもの質量を 0 と仮定する．すると，ひもがどんな加速度をもっていても，ひもにはたらく正味の力は 0 である．したがって，ひもの両端に現れる張力の大きさは等しい．ひもは伸び縮みしないと仮定すると，物体 A，B は等しい加速度 a をもつ．

（1） 物体 A については $m_\mathrm{A} a = T$，物体 B については $m_\mathrm{B} a = m_\mathrm{B} g - T$

（2） これら 2 式から T を消去して（両辺それぞれ加えればよい），$m_\mathrm{B} a + m_\mathrm{A} a = m_\mathrm{B} g$，これから

$$a = \frac{m_\mathrm{B} g}{m_\mathrm{A} + m_\mathrm{B}}$$

[4] 問題 [3] の場合と同じように，ひもの両端には等しい大きさの張力 T がはたらく．これらは，物体 A，B を上に引くはたらきをする．A，B は同じ大きさの加速度 a をもつ．A では上向きの加速度を正，B では下向きを正とする．

（1） $m_\mathrm{A} a = -m_\mathrm{A} g + T$, $\qquad m_\mathrm{B} a = m_\mathrm{B} g - T$

（2） 2 式の両辺をそれぞれ加えると，

$$(m_A + m_B)a = (m_B - m_A)g, \qquad \text{これから} \qquad a = \frac{(m_B - m_A)g}{m_A + m_B}$$

[5] 斜面上に束縛された運動であるから，斜面に沿って設定された座標 (s, y) で記述する．s 方向の運動は，(2.20)で斜面方向の座標 x を s に置き換え，初速度と初期の位置をそれぞれ v_{s0}, s_0 とすれば求められる．y 方向には力がはたらいていないので，(2.17)の第2式をそのまま使えばよい．

$$s = \frac{g \sin\theta \, t^2}{2} + v_{s0}t + s_0, \qquad y = v_{y0}t + y_0$$

なお，x, z 座標は(1.43)から次のようになる．

$$x = s \cos\theta = \left(\frac{g \sin\theta \, t^2}{2} + v_{s0}t + s_0 \right) \cos\theta$$

$$z = h - s \sin\theta = h - \left(\frac{g \sin\theta \, t^2}{2} + v_{s0}t + s_0 \right) \sin\theta$$

sy 面内での軌道の式は，$t = (y - y_0)/v_{y0}$ を s の表現に代入して，

$$s = \frac{g \sin\theta}{2} \left(\frac{y - y_0}{v_{y0}} \right)^2 + \frac{v_{s0}(y - y_0)}{v_{y0}} + s_0$$

[6] 電子の位置や速度の x, z 成分だけを考える．電子にはたらく力は $(0, -mg + eE)$ であるので，運動方程式の x, z 成分は

$$m\frac{dv_x}{dt} = 0, \qquad m\frac{dv_z}{dt} = -mg + eE$$

電子が平板間に入った時刻を $t = 0$ とし，そのとき $v_x = v_0$, $v_z = 0$ であるから，これらの方程式の解は，

$$v_x = v_0 = \text{一定}, \qquad v_z = \left(-g + \frac{eE}{m} \right) t$$

これらの解を t で積分し，$t = 0$ で $x = 0$, $z = h$ であることを用いると，

$$x = v_0 t, \qquad z = \left(-g + \frac{eE}{m} \right) \frac{t^2}{2} + h$$

[7] 運動方程式は $m \, dv/dt = F_0 \cos\omega t$ であり，この両辺を m で割ると，$dv/dt = (F_0/m)\cos\omega t$ となる．v, x は，これを積分することによって求められる．

両辺を積分すると， $v = \dfrac{F_0}{m\omega} \sin\omega t + C$ （C は積分定数）

再度積分すると， $x = -\dfrac{F_0}{m\omega^2} \cos\omega t + Ct + D$ （D は積分定数）

質点の平均的な位置が原点にあるとは，質点は原点の周りに振動していることを意味する．したがって，x の解で，$C = D = 0$ でなければならない．

[8] 力は時間的に変化するが，時間 $T/2$ の区間ごとに分けて考えると，質点はそれぞれ一定の大きさの力を受けて運動している．したがって，区間ごとに解を

求め，区間の継ぎ目で両側の解の速度と位置を合せればよい．

（1） $0 < t < T/2$ では $m\,dv/dt = F_0$ が成り立つ．両辺を m で割って積分し，$v(0) = x(0) = 0$ を用いると，$v = \dfrac{F_0}{m}t$, $x = \dfrac{F_0}{2m}t^2$. $t = \dfrac{T}{2}$ では，$v = \dfrac{F_0 T}{2m}$, $x = \dfrac{F_0 T^2}{8m}$.

（2） $T/2 < t < T$ では $m\,dv/dt = -F_0$. 両辺を m で割って，$T/2$ から t まで積分する．(1.35)および(1)の結果を用いると，
$$v(t) - v(T/2) = -\frac{F_0}{m}\left(t - \frac{T}{2}\right)$$
これから
$$v(t) = -\frac{F_0}{m}\left(t - \frac{T}{2}\right) + \frac{F_0 T}{2m}$$
この $v(t)$ を $(T/2, t)$ の範囲で再度積分して，
$$x(t) - x(T/2) = -\frac{F_0}{2m}\left(t - \frac{T}{2}\right)^2 + \frac{F_0 T}{2m}\left(t - \frac{T}{2}\right)$$
(1)の結果 $x(T/2) = F_0 T^2/8m$ を代入すると，
$$x(t) = -\frac{F_0}{2m}\left(t^2 - 2Tt + \frac{T^2}{2}\right)$$
$t = T$ をこれらの結果に代入すると，
$$v(T) = 0, \qquad x(T) = \frac{F_0}{4m}T^2$$

第 3 章

[1] 第2章の問題 [3] で，床と物体 A の間の摩擦が追加された場合である．物体 A にはたらく最大静止摩擦力は $Mg\mu_s$ であり，物体 B の重力がこの値に達したときすべり始める．すなわち，$mg = Mg\mu_s$. これから，$m = Mg\mu_s/g = M\mu_s$.

すべり始めたときの物体 A，B の加速度を a とする．物体 A，B の運動方程式は，
$$Ma = T - Mg\mu_d, \qquad ma = mg - T$$
これらから T を消去して(両辺それぞれ加えればよい) $m = M\mu_s$ を代入すると
$$(M + m)a = mg - Mg\mu_d, \quad \text{これから} \quad a = \frac{mg - Mg\mu_d}{M + m} = \frac{g(\mu_s - \mu_d)}{1 + \mu_s}$$

[2] 糸の張力を T とする．すべりが始まるときのそれぞれの物体にはたらくつ

り合いを考えればよい．下側の物体では重力 $mg\sin\theta$ が張力 T とつり合い，上側の物体では重力 $Mg\sin\theta$, 最大静止摩擦力 $Mg\cos\theta\,\mu_s$, 張力 T の3つがつり合う．以上から，
$$mg\sin\theta = T, \qquad Mg\sin\theta + T = Mg\cos\theta\,\mu_s$$
これらから T を消去すると，
$$(M+m)g\sin\theta = Mg\cos\theta\,\mu_s, \qquad \text{これから} \qquad \tan\theta = \frac{M\mu_s}{M+m}$$
よって，
$$\theta = \tan^{-1}\left(\frac{M\mu_s}{M+m}\right)$$
ただし，$\tan\theta$ の値を求めて答としてよい．

[3] 物体がすべり始めたとき，物体にはたらく力は重力の斜面方向成分 $Mg\sin\theta$ および動摩擦力 $Mg\cos\theta\,\mu_d$ である．これから，運動方程式は
$$M\frac{dv}{dt} = Mg\sin\theta - Mg\cos\theta\,\mu_d, \qquad \text{これから} \qquad \frac{dv}{dt} = g(\sin\theta - \cos\theta\,\mu_d)$$
加速度が一定であるから，初速度を0とすると
$$v = g(\sin\theta - \cos\theta\,\mu_d)\,t$$
初期の位置を x_0 とすると，
$$x = g(\sin\theta - \cos\theta\,\mu_d)\frac{t^2}{2} + x_0$$

[4] 物体が受ける力は，(3.12)の v を流体との相対速度 $v - v_0$ で置き換えることにより $-k(v - v_0)$ である．これから，

（1）
$$m\frac{dv}{dt} = -k(v - v_0)$$

（2） $v - v_0 = u$ として，v から u へ変数変換する．$dv/dt = du/dt$ であるから，
$$m\frac{du}{dt} = -ku$$
この方程式の解は，(3.19)の v を u に書き換え，初期条件 $u(0) = v(0) - v_0 = -v_0$ を使うと
$$u = -v_0\,e^{-Kt}, \qquad K = \frac{k}{m}$$
u から v へもどしてやると
$$v = v_0(1 - e^{-Kt})$$

[5] (3.27)を0から t まで積分すると，指数関数の積分公式（付録A参照）を用いて，

第 4 章　173

$$z(t) - z(0) = \int_0^t v_f(1 - e^{-Kt})\,dt = \left[v_f t + v_f \frac{e^{-Kt}}{K}\right]_0^t = v_f t + v_f \frac{e^{-Kt} - 1}{K}$$

[6]　油滴の質量は $\rho_0(4\pi a^3/3)$，したがって重力は $\rho_0(4\pi a^3/3)g$ である．空気中の油滴の浮力は油滴が押しのけた空気の重力に等しいので $\rho_a(4\pi a^3/3)g$ である．(3.13) から，終端速度で落下する油滴が受ける粘性抵抗は $6\pi\eta a v_f$ である．重力が粘性抵抗，浮力，電気力の総和とつり合っているから，

$$\rho_0 \frac{4\pi a^3}{3} g = \rho_a \frac{4\pi a^3}{3} g + 6\pi\eta a v_f + eE$$

これから，

$$v_f = (\rho_0 - \rho_a)\frac{4\pi a^3}{3}\frac{g}{6\pi\eta a} - \frac{eE}{6\pi\eta a} = (\rho_0 - \rho_a)\frac{2a^2 g}{9\eta} - \frac{eE}{6\pi\eta a}$$

第 4 章

[1]　(4.3) に示した単振動の一般解 $x = C\sin(\omega t + \alpha)$ を応用する．$0 \leq \alpha < \pi$ とする．これを t で微分すると，速度に対する式 $v = C\omega\cos(\omega t + \alpha)$ を得る．
初期条件 ($t = 0$ で $x = a$, $v = 0$) をこれらに代入すると，

$$a = C\sin\alpha, \qquad 0 = C\omega\cos\alpha$$

となる．これらの第 2 式から $\alpha = \pi/2$．これを第 1 式に代入すると $C = a$．以上から

$$x = a\sin\left(\omega t + \frac{\pi}{2}\right)$$

後半の問題では $0 = C\sin\alpha$, $v_0 = C\omega\cos\alpha$．これらから $\alpha = 0$, $C = v_0/\omega$．以上から

$$x = \frac{v_0}{\omega}\sin(\omega t)$$

[2]　質点にはたらく復元力は，どちらのバネについてもずれ x と逆向きにはたらくので，$-kx$ と表される．運動方程式は，両方の力の寄与により

$$m\frac{d^2 x}{dt^2} = -2kx$$

これは，(4.2) において k を $2k$ に置き換えたものになっている．したがって，一般解は，(4.3), (4.4) を応用して，

$$x = C\sin(\omega t + \alpha), \qquad \omega = \sqrt{\frac{2k}{m}}$$

[3]　質点に強さ P の撃力を与えたとき，質点は大きさ P の運動量をもって運動を始める．その瞬間の速度は $v = P/m$ であり，質点はまだつり合いの位置

$x = 0$ にある．したがって，単振り子の微小振動の一般解(4.23)に初期条件 ($t = 0$ で，$x = 0$, $v = P/m$) を代入すればよい．初速度 $v_0 = P/m$ として問題 [1] の後半の解法を参考にすると，

$$\alpha = 0, \qquad C = \frac{v_0}{\omega_0} = \frac{P}{m\omega_0}$$

となる．これから

$$x = \frac{P}{m\omega_0} \sin(\omega_0 t)$$

ただし，$\omega_0 = \sqrt{g/l}$ である．

[4] まず，固有角振動数は

$$\omega_0 = \sqrt{\frac{k}{m}} = \sqrt{\frac{10}{0.1}} = 10$$

さらに，(4.26)の右辺第 2 項の $2h$ が 0.1 であるから，

$$\gamma = \frac{h}{m} = \frac{0.05}{0.1} = 0.5$$

これらを(4.29)に代入すると，

$$x = A e^{-0.5t} \sin(10t + \alpha)$$

ただし，A と α は未定定数である．

[5] 振動が始まらないのは 79～81 ページで述べた $\omega_0{}^2 - \gamma^2 < 0$ および $\omega_0{}^2 - \gamma^2 = 0$ の場合，すなわち $\omega_0{}^2 \leq \gamma^2$ である．ただし，$\omega_0{}^2 = k/m$, $\gamma^2 = (h/m)^2$．一方，ストークスの抵抗法則(3.13)から $2h = 6\pi\eta a$ である．以上から，この不等式は

$$\frac{k}{m} \leq \left(\frac{3\pi\eta a}{m}\right)^2, \qquad すなわち, \qquad \frac{\sqrt{km}}{3\pi a} \leq \eta$$

振動が起きない限界の値のとき（$\omega_0{}^2 - \gamma^2 = 0$ の場合），$\gamma^2 = \omega_0{}^2 = k/m$ であるから，(4.38)から，

$$x = e^{-\gamma t}(At + B) = e^{-(\sqrt{k/m})t}(At + B)$$

$$v = \frac{dx}{dt} = -\gamma e^{-\gamma t}(At + B) + A e^{-\gamma t}$$

$t = 0$ で $x = x_0$, $v = 0$ から

$$B = x_0, \quad -\gamma B + A = 0 \quad すなわち \quad A = \gamma B = \sqrt{\frac{k}{m}} x_0$$

以上から

$$x = x_0 e^{-(\sqrt{k/m})t}\left(\sqrt{\frac{k}{m}} t + 1\right)$$

[6] §4.3 の冒頭で述べたように，ゴムヨーヨーの上端が振幅 Z_0, 角振動数 ω で振動することにより，重りには強制力 $F = kZ_0 \sin \omega t$ がはたらく．ただし，k

$= 0.4$, $Z_0 = 0.05$, $\omega = 2\pi/(周期) = 2\pi/3$. したがって, (4.42) の f_0 は, $f_0 = 0.4 \times 0.05/0.1 = 0.2$. 一方, 固有角振動数は $\omega_0^2 = 0.4/0.1 = 4$. 以上を (4.42) に代入すると,

$$A = \frac{f_0}{\omega_0^2 - \omega^2} = \frac{0.2}{4 - \left(\frac{2\pi}{3}\right)^2} = -0.52 \ (\mathrm{m})$$

したがって, 振幅は 0.52 m.

[7] 仮定された x の関数を t で微分することにより, 速度, 加速度は次のようになる.

$$v = a \sin(\omega_0 t + \alpha) + at\omega_0 \cos(\omega_0 t + \alpha)$$
$$a = 2a\omega_0 \cos(\omega_0 t + \alpha) - at\omega_0^2 \sin(\omega_0 t + \alpha)$$

$\omega = \omega_0$ として, x と a を運動方程式に代入すると,

$2a\omega_0 \cos(\omega_0 t + \alpha) - at\omega_0^2 \sin(\omega_0 t + \alpha) + \omega^2 at \sin(\omega_0 t + \alpha)$
$$= 2a\omega_0 \cos(\omega_0 t + \alpha) = f_0 \cos \omega_0 t$$

これがすべての時刻 t で成り立つためには,

$$\cos(\omega_0 t + \alpha) = \cos \omega_0 t, \quad \text{このとき } 2a\omega_0 = f_0$$

あるいは,

$$\cos(\omega_0 t + \alpha) = -\cos \omega_0 t, \quad \text{このとき } 2a\omega_0 = -f_0$$

この前者からは $\alpha = 0$, 後者からは $\alpha = \pi$ となる. どちらも,

$$x = \frac{f_0}{2\omega_0} t \sin \omega_0 t$$

となる (図). この解は, $t = 0$ で $x = 0$, $v = 0$ を満たしている.

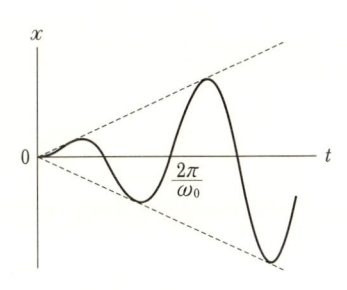

なお, 原点に静止していた質点に, $f_0 \cos \omega_0 t$ でなく (4.40) のような強制力 $f_0 \sin \omega_0 t$ がはたらき始める場合も, 運動そのものは存在する. ただし, その数学的表現はもっと複雑である.

[8] 共鳴条件を満たすときの振幅は, (4.45) で $\omega = \omega_0$ として,

$$X_m = \frac{f_0}{2\gamma\omega_0}$$

$\omega = \omega_0 + \Delta\omega$ のとき, (4.45) 分母の根号内は,

$(\omega_0^2 - \omega^2)^2 + (2\gamma\omega)^2 = (\omega_0^2 - (\omega_0 + \Delta\omega)^2)^2 + (2\gamma(\omega_0 + \Delta\omega))^2$
$$= (2\omega_0\Delta\omega + \Delta\omega^2)^2 + (2\gamma\omega_0 + 2\gamma\Delta\omega)^2$$

ここで, $\Delta\omega$ および γ が微小であるとしてカッコ内の $\Delta\omega^2$ と $\gamma\Delta\omega$ を無視すると根号内は $4\omega_0^2\Delta\omega^2 + 4\gamma^2\omega_0^2$ となる.

$\omega = \omega_0 + \Delta\omega$ のとき振幅が $0.5X_m$ になるので，

$$\frac{0.5 f_0}{2\gamma\omega_0} = \frac{f_0}{\sqrt{4\omega_0{}^2 \Delta\omega^2 + 4\gamma^2 \omega_0{}^2}}$$

これから，

$$4\omega_0{}^2 \Delta\omega^2 + 4\gamma^2 \omega_0{}^2 = 16(\gamma\omega_0)^2$$

すなわち，$\Delta\omega = \sqrt{3}\,\gamma$ であり，$\Delta\omega$ は γ に比例する．

[9] 単振動をしている区間の固有角振動数を ω_0，振幅を A とすると，速度は振幅 $A\omega_0$ で振動する．したがって，速度の最大値は $A\omega_0$ である．直線と単振動の曲線が接することができるのは，ベルトの速度 v がこの最大値以下，すなわち $v \leq A\omega_0$ の場合である．

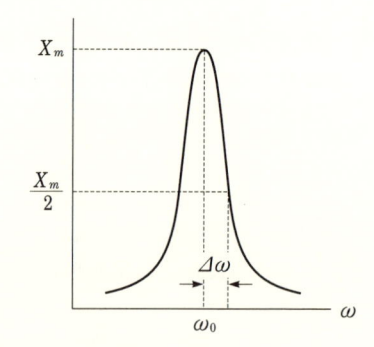

なお，$v \fallingdotseq A\omega_0$ のとき，図 4.12(b) で線分 BC の長さは 0 に近い．すなわち，振動はなめらかな単振動に近くなる．ヴァイオリンやチェロでなめらかな音を出すとき，高い音（ω_0 が大きい）ほど，また強い音（A が大きい）ほど弓を速く動かす．これは，摩擦振動のこの性質から来ているのである．

第 5 章

[1] (1)，(2) ともに，物体に加えた力を $\boldsymbol{F} = (0, mg)$ として仕事の定義 (5.4)，あるいは (5.5) を応用する．

(1) 直線 OQ に沿う経路では $d\boldsymbol{x} = (dx, dz)$ とする．これらを (5.5) に代入すると，

$$W_{PQ} = \int_0^Q \boldsymbol{F} \cdot d\boldsymbol{x} = \int_0^Q (F_x\, dx + F_z\, dz) = \int_0^a mg\, dz = mga$$

(2) 円弧にそって移動する場合，円弧に沿う微小な長さを ds とすると，線要素は

$$d\boldsymbol{x} = (ds \cos\theta, ds \sin\theta)$$

と書ける．さらに，この線要素に対応する角度の増加を $d\theta$ とすると，

$$ds = a\, d\theta$$

これらを (5.5) に代入すると，

$$W_{PQ} = \int_0^Q \boldsymbol{F} \cdot d\boldsymbol{x} = \int_0^a mga \sin\theta\, d\theta = mga \Big[-\cos\theta\Big]_0^{\pi/2} = mga$$

これは (1) の結果と一致する．

[2] 上向きを正とすると，物体 A，B にはたらく重力はそれぞれ $-Mg$，$-mg$ であり，その結果 これらはそれぞれ $z = a \to 0$，$z = 0 \to a$ と移動する．重力がする仕事 W は両方の物体にする仕事の和である．以上から，
$$W = \int_a^0 (-Mg)\, dz + \int_0^a (-mg)\, dz = \Big[-Mgz\Big]_a^0 + \Big[-mgz\Big]_0^a = (M-m)ga$$

[3] 物体の質量を m とする．高度 $4a$ から $3a$ まで降下すると位置エネルギーの減少は $mg(4a - 3a) = mga$ であり，それと同じだけの運動エネルギー $mv^2/2$ を得る．そのときの速度は $mga = mv^2/2$ から $v = \sqrt{2ga}$ である．初期に $(0, 3a)$ の地点から，この速さで水平に打ち出された物体の運動は，(1.39) に
$$U = \sqrt{2ga}, \qquad W = 0, \qquad h = 3a$$
を代入して，
$$x = \sqrt{2ga}\, t, \qquad z = 3a - \frac{gt^2}{2}$$
となる．

第1式から $t = x/\sqrt{2ga}$ とし，これを第2式に代入すれば，軌道の式は
$$z = 3a - \frac{g\left(\dfrac{x}{\sqrt{2ga}}\right)^2}{2} = 3a - \frac{x^2}{4a}$$
となる．この式で $z = 0$ のときの x の値が飛距離 L_3 である．すなわち，
$$L_3 = 2\sqrt{3}\, a$$

同様に，物体が $4a$ から na まで降下したとする ($n = 1, 2, 3$)．このとき，位置エネルギーの減少は $mg(4-n)a$ であり，その結果として得る速さは $\sqrt{2g(4-n)a}$ である．$(0, na)$ の地点からこの速さで水平に打ち出されたときの運動は
$$x = \sqrt{2g(4-n)a}\, t, \qquad z = na - \frac{gt^2}{2}$$
となる．これから t を消去すると，
$$z = na - \frac{x^2}{4a(4-n)}$$
$z = 0$ と置くことにより，飛距離は $L_n = 2\sqrt{n(4-n)}\, a$ である．すなわち，
$$L_2 = 4a, \qquad L_1 = 2\sqrt{3}\, a$$

[4] 位置エネルギーの減少が運動エネルギーの増加に等しいことから，各点での速さ v を求める．速さをそのときの円運動の半径で割れば角速度になる．

(1) 支点の真下では，位置エネルギーの減少は $mg \cdot 2a$ であり，速さは $v = \sqrt{4ga}$ である．角速度 ω は，これを半径 $2a$ で割って，$\omega = \sqrt{g/a}$．

(2) 釘の高さに来ると，最初の位置に比べて位置エネルギーの減少は mga

であり，速さは $v = \sqrt{2ga}$ である．角速度 ω は，半径 a で割って，$\omega = \sqrt{2g/a}$．

［5］ それぞれの瞬間での重力の位置エネルギー U_G，ゴムの位置エネルギー U_E，および運動エネルギー K の値を，次のような表で示す．

　ゴムの長さだけ落下したとき，ゴムは伸びていないので，$U_E = 0$ である．一方，U_G の減少分だけ K が増加する．さらに a だけ落下してゴムが伸び切ったとき，U_G は落下距離 $(L + a)$ に対応する値になる．一方，U_E は伸び a から求められる．伸び切ったとき速度が一瞬 0 になるので，そのときは $K = 0$ である．

	U_G	U_E	K	（備考）
飛び降りる瞬間	0	0	0	
L だけ落下	$-mgL$	0	mgL	（U_G の減少 $= K$ の増加）
伸び切った瞬間	$-mg(L+a)$	$ka^2/2$	0	（a の値は，下記参照）

　全エネルギー（力学的エネルギー）が保存するので，その値は 0 である．したがって，伸び切った瞬間も $-mg(L+a) + ka^2/2 = 0$ が成り立つ．これは，a の 2 次方程式であり，その正の解は，

$$a = A + \sqrt{A^2 + 2LA} \quad \left(A = \frac{mg}{k}\right)$$

である．この値を表中の a に代入しなければならない．

　なお，A は，ゴムにこの人が静かにぶら下がったときの伸びを表す（人の重力 mg が復元力 kA とつり合う場合）．バンジージャンプでゴムが伸び切ったときは，落下した勢いがついているので伸び a は A の 2 倍以上になる．

［6］ 宇宙船を地上から打ち上げた瞬間は，その運動エネルギーは $mv_0^2/2$ であり，位置エネルギー U は(5.17)から $-K/R$ である（R は地球半径）．

（1）高度 h における速度を v とすると，力学的エネルギー保存則から，

$$\frac{mv_0^2}{2} - \frac{K}{R} = \frac{mv^2}{2} - \frac{K}{R+h}$$

これから，

$$v = \sqrt{v_0^2 - \frac{2Kh}{mR(R+h)}}$$

（2）上記の第 1 の式で，$h \to \infty$，$v \to 0$ とすると，

$$v_0^2 = \frac{2K}{mR}$$

となる．これから，

$$v_0 = \sqrt{\frac{2K}{mR}} = \sqrt{\frac{2GM}{R}}$$

ただし，G は万有引力定数である．v_0 の数値を計算するには，地上で 1 kg の物

体にはたらく重力 g が，万有引力 GM/R^2 に等しいことを使う．これから導かれる式 $GM = gR^2$ を上の式に代入することにより，
$$v_0 = \sqrt{2gR} = \sqrt{2 \times 9.8 \times 6.4 \times 10^6} = 1.12 \times 10^4 \text{ (m/s)}$$

[7] 初期の運動エネルギーは，初速度を v_0 を用いて $mv_0^2/2$ と書ける．これは，床に摩擦があるかどうかに関係しない．

物体が停止するまでの運動は，(3.9) と (3.10) で与えられ，停止するまでに動いた距離は (3.11) によって
$$x_1 = \frac{v_0^2}{2\mu_d g}$$

である．床は物体に一定の大きさ $\mu_d mg$ の動摩擦力を後向きに与えているので，その反作用で物体は床に同じ大きさの力を進行方向に与えている．以上から，その力がする仕事は，
$$\mu_d mg \times \frac{v_0^2}{2\mu_d g} = \frac{mv_0^2}{2}$$

である．初期にもっていた運動エネルギーは，この仕事を通して熱（内部エネルギー）に変換される．

[8] 鉛直方向の座標を z とし，終端速度 $v_f = mg/k$ に達したときの z 座標を z_1 とする．さらに h だけ落下すると，位置エネルギーは mgz_1 から $mg(z_1 - h)$ に変化するので，その差は $-mgh$ である．速度は終端速度のままで変らないので，運動エネルギーは変化しない．

物体が落下する間，粘性抵抗 (3.12) の反作用の力を周囲の空気に与えているので，物体がした仕事は
$$kv_f \times h = k\frac{mg}{k} \times h = mgh$$

である．これが，空気が得た内部エネルギーである．ただし，物体にも熱が伝わって熱くなるので，より正確には空気と物体が得た内部エネルギーである．この値は失った位置エネルギーの値と等しい．

[9] 質点が右に x だけ移動したとき，左側のバネは x だけ伸び，その位置エネルギーは $kx^2/2$ になる．右側のバネは x だけ縮み，その位置エネルギーはやはり $kx^2/2$ である．全位置エネルギー U はこれらの和であるので
$$U = 2 \times \frac{kx^2}{2} = kx^2$$

質点が受ける力は
$$F = -\frac{dU}{dx} = -2kx$$

これはバネの復元力の和に等しい．

[10]　(5.17) $U=-K/r$ を x, y, z で微分すれば，(5.38)によって力の成分 F_x, F_y, F_z が求められる．ところで，U は r を通して x に依存しているので，U を x で微分するとき，合成関数の微分の公式（付録A参照）を用いる必要がある．この公式は，偏微分でなく常微分（普通の微分）について与えてあるが，偏微分についても成り立つのである．

$$F_x = -\frac{\partial U}{\partial x} = -\frac{dU}{dr} \times \frac{\partial r}{\partial x} = -\frac{K}{r^2} \times \frac{\partial r}{\partial x}$$

ここで，$\partial r/\partial x = \partial(x^2+y^2+z^2)^{1/2}/\partial x$ を計算するとき，合成関数の微分公式を再度用いる．カッコ内の x^2 を中間の変数とみなすことにより，

$$\frac{\partial r}{\partial x} = \frac{\partial r}{\partial(x^2)} \times \frac{d(x^2)}{dx} = \frac{1}{2\cdot(x^2+y^2+z^2)^{1/2}} \times 2x = \frac{x}{r}$$

以上から，

$$F_x = -\frac{\partial U}{\partial x} = -\frac{dU}{dr} \times \frac{\partial r}{\partial x} = -\frac{K}{r^2} \times \frac{x}{r}$$

同様に

$$F_y = -\frac{\partial U}{\partial y} = -\frac{dU}{dr} \times \frac{\partial r}{\partial y} = -\frac{K}{r^2} \times \frac{y}{r}$$

$$F_z = -\frac{\partial U}{\partial z} = -\frac{dU}{dr} \times \frac{\partial r}{\partial z} = -\frac{K}{r^2} \times \frac{z}{r}$$

$(x, y, z) = \boldsymbol{r}$ として，ここで求めた力をベクトルで表示すると，

$$\boldsymbol{F} = -\frac{K}{r^2}\frac{\boldsymbol{r}}{r} = -\frac{K\boldsymbol{r}}{r^3}$$

第 6 章

[1]　円運動の半径は $l_0 + \Delta l$ であり，それに必要な向心力 $m(l_0 + \Delta l)\omega^2$ はバネの復元力 $k\Delta l$ から生じる．これから

$$m(l_0 + \Delta l)\omega^2 = k\Delta l$$

これを Δl について解いて，

$$\Delta l = \frac{ml_0\omega^2}{k - m\omega^2}$$

[2]　円運動の半径 r とバネの長さ $l_0 + \Delta l$ の関係は，

$$r = (l_0 + \Delta l)\sin\theta$$

向心力，および質点の重力は，それぞれバネの復元力の水平成分，鉛直成分と等しいから，

$$mr\omega^2 = k\Delta l \sin\theta, \qquad mg = k\Delta l \cos\theta$$

これらの第1式と第2式から r を消去すると，
$$m(l_0 + \Delta l)\omega^2 = k\Delta l$$
これから，
$$\Delta l = \frac{ml_0\omega^2}{k - m\omega^2}$$
これを第3式に代入することにより，
$$\cos\theta = \frac{mg}{k\Delta l} = \frac{g(k - m\omega^2)}{kl_0\omega^2}$$

[3] (1) $x/2C = \sin\pi t,\ y/C = \cos\pi t$
であり，三平方の定理から
$$\left(\frac{x}{2C}\right)^2 + \left(\frac{y}{C}\right)^2 = 1$$
これは楕円の方程式である．軌道の略図は右図のようになる．

(2) 楕円の面積 S は，
$$S = \pi 2C \cdot C = 2\pi C^2$$
質点が楕円軌道をひと回りする時間（周期）T は $T = 2$ である．§6.1に述べたように，この振り子の質点にはたらく力は中心力であるので，面積速度は一定である．したがって，面積速度は，面積 S を周期 T で割って
$$\frac{S}{T} = \frac{2\pi C^2}{2} = \pi C^2$$
となる．

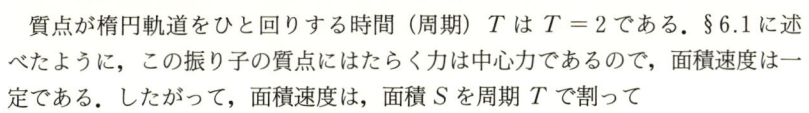

[4] (1) 壁は，支点Oで棒に力を加えている．この力が未定なので，棒にはたらく力のつり合いの式を書くことができない．したがって，F を求めることができない．

(2) O点の周りの力のモーメントは，重りの効果が時計回りに
$$0.5 \cdot 1 \cdot g + 1 \cdot 1 \cdot g = 1.5 \cdot g \quad (\text{N m})$$
力 F のモーメントは
$$1 \cdot F \cdot \sin 45° = \sqrt{2}\, F$$
静止状態ではこれらがつり合っているから $\sqrt{2}\, F = 1.5g$．これから
$$F = \frac{1.5g}{\sqrt{2}} = \frac{1.5\sqrt{2}\, g}{2} \quad (\text{N})$$
なお，支点Oにはたらく力は未定であるが，その力のO点の周りのモーメントは0であるので，力のモーメントのつり合いには影響しない．

[5] (1) 振り子の質点にはたらく重力 mg のモーメントは，ひもの長さが l であり，ひもが鉛直方向から角度 θ だけ傾いているので，$mgl\sin\theta$ である．ここ

で，その符号を考える必要がある．振り子が鉛直方向から反時計回りに傾いたとき $\theta > 0$ とする．$\theta > 0$ のとき，力のモーメントは振り子を時計回りに回して元にもどす作用をもつので，その値は負でなければならない．したがって，力のモーメントは $-mgl\sin\theta$ と書けることになる．

一方，角運動量は $L = ml^2\omega = ml^2 d\theta/dt$ である．運動方程式(6.16)から
$$\frac{dL}{dt} = ml^2 \frac{d^2\theta}{dt^2} = -mgl\sin\theta$$

微小振動，すなわち $|\theta| \ll 1$ と仮定し，$\sin\theta$ を θ で置き換える．さらに，上式の両辺を ml^2 で割ると，運動方程式はつぎのようになる．
$$\frac{d^2\theta}{dt^2} = -\frac{g}{l}\theta$$

（2）(1)で求めた運動方程式は，(4.22)で x を θ に置き換え，両辺を m で割ったものと同じ形をもつ．したがって，その解も(4.23)と同じ形をもち，次のように表される．
$$\theta(t) = C\sin(\omega_0 t + \alpha), \qquad \omega_0 = \sqrt{\frac{g}{l}}, \qquad C, \alpha \text{ は未定定数}$$

[6]（1）クランクは，点 Q を大きさ F' の力で PQ の方向に押している．この力の点 O の周りのモーメント N は，PQ と RQ の間の角度が $\theta - \phi$ であることから，
$$N = RF'\sin(\theta - \phi)$$
となる．

（2）(1)の答から，F' と ϕ を消去すればよい．問題中のヒントから $F' = F/\cos\phi$，Q から PO に下した垂線の長さを考慮して，$L\sin\phi = R\sin\theta$ が成り立つ．これから，
$$\sin\phi = \frac{R\sin\theta}{L}, \qquad \cos\phi = \sqrt{1 - \left(\frac{R\sin\theta}{L}\right)^2}$$
が導かれる．(1)の答に加法定理を応用し，F'，$\sin\phi$，$\cos\phi$ の表現を代入すると，
$$N = RF'(\sin\theta\cos\phi - \cos\theta\sin\phi)$$
$$= RF\frac{\sin\theta\cos\phi - \cos\theta\sin\phi}{\cos\phi}$$
$$= RF\sin\theta\left(1 - \frac{\dfrac{R}{L}\cos\theta}{\sqrt{1 - \left(\dfrac{R\sin\theta}{L}\right)^2}}\right)$$

（3）ϕ が微小 ($R/L \ll 1$) のとき，(2)の答で根号の中の $((R\sin\theta)/L)^2$ は 1 に比べて無視できるほど小さいので，

$$N \sim RF \sin \theta \left(1 - \frac{R}{L} \cos \theta \right)$$

[7] (1) 斜面の勾配は，斜面の水平方向からの角度を θ とすると，$\tan \theta$ で与えられる．これから，勾配は

$$\tan \theta = \frac{dz}{dr} = \frac{A}{r^2}$$

右側の図において，斜め方向を向いた斜面の抗力 N と大きさ mg の重力の合力が円運動の向心力 F になる．図中の下側の直角三角形に着目すると，

$$F = mg \tan \theta$$

これに上で求めた勾配の式を代入すると，

$$F = \frac{mgA}{r^2}$$

(2) 円運動の角速度を ω とすると $\omega = v/r$．円運動の向心力 $mr\omega^2 = mv^2/r$ は(1)で求めた F に等しいから

$$\frac{mv^2}{r} = \frac{mgA}{r^2}$$

これから

$$v = \left(\frac{gA}{r}\right)^{1/2}$$

運動エネルギーの計算には，いま求めた v を用いる．それと位置エネルギーの和が力学的エネルギーになるから，

$$\text{力学的エネルギー} = \frac{1}{2} mv^2 - \frac{mgA}{r} = \frac{mgA}{2r} - \frac{mgA}{r} = -\frac{mgA}{2r}$$

(3) 力学的エネルギーは負であるから，それが減少すると絶対値が増加する．このとき r は減少することになる．したがって，球は下に落ちていき，r が小さく速い運動をすることになる．

[8] (1) 重りにはたらく向心力は，重りにはたらく力の O 点を向く成分（半径方向成分）であり，$F \cos \theta$ である．したがって，

$$F \cos \theta = mR\omega^2$$

すなわち

$$F = \frac{mR\omega^2}{\cos \theta}$$

この式は ω が時間的に変化しているときでも成り立つ．

(2) 力の向きと半径の向きとの角度は $\pi - \theta$ であるから，力のモーメントは

$$RF \sin (\pi - \theta) = RF \sin \theta$$

である．角運動量の変化は力のモーメントに等しいので，

$$\frac{dL}{dt} = mR^2 \frac{d\omega}{dt} = RF\sin\theta = mR^2\omega^2 \frac{\sin\theta}{\cos\theta}$$

これから，

$$\frac{d\omega}{dt} = \omega^2 \tan\theta$$

（3） (2)で求めた運動方程式には，その両辺に変数 ω が含まれているので，変数分離法によって解くことにする．両辺に dt/ω^2 を掛けると，

$$\frac{d\omega}{\omega^2} = \tan\theta\, dt$$

両辺を積分すると，

$$-\frac{1}{\omega} = (\tan\theta)t + C \qquad (C は積分定数)$$

初期条件 $t = 0$，$\omega = \omega_0$ を代入すると

$$C = -\frac{1}{\omega_0}$$

これから，

$$\omega = \frac{1}{\omega_0^{-1} - (\tan\theta)t}$$

おもしろいことに，ω の増加の様子は角度 θ のみに依存する．もちろん，力 F が ω を増す原動力であるが，見かけ上おもてに現れないのである．

第 7 章

[1] 元の座標系 K での座標 (x, y) と，x 方向の負方向に動く座標系 K′ で見た質点の座標 (x', y') の間の関係は，(7.4) の x, y 成分に $v_{0x} = -v_0$，$v_{0y} = 0$ を代入することにより求められる．一方，(x, y) は(1.50)で与えられる．以上から，

$$x' = v_0 t + R\cos(\omega t + \alpha), \qquad y' = R\sin(\omega t + \alpha)$$

加速度ベクトルは，この結果を t で 2 回微分することにより，

$$a_x' = -R\omega^2 \cos(\omega t + \alpha), \qquad a_y' = -R\omega^2 \sin(\omega t + \alpha)$$

[2] 元の座標系では，この運動は

$$x = 0, \qquad z = -\frac{gt^2}{2} + V_0 t$$

と表される．

（1） 座標系 K′ における座標は，(7.4) の x, z 成分に上の 2 式，および $v_{0x} = U_0$，$v_{0z} = 0$ を代入することにより，

$$x' = -U_0 t, \qquad z' = -\frac{gt^2}{2} + V_0 t$$

(2) 物体の質量を m とする．座標系 K′ での速度は $v_x' = -U_0$, $v_z' = -gt + V_0$ であるから，運動エネルギーと位置エネルギー mgz の総和は，

$$\frac{m}{2}(U_0^2 + (-gt + V_0)^2) + mg\left(-\frac{gt^2}{2} + V_0 t\right) = \frac{m}{2}(U_0^2 + V_0^2) = 一定$$

この値は，座標系 K′ における初期 ($t = 0$) の力学的エネルギーに等しい．力学的エネルギー保存則は，ガリレイ変換によって新しい座標系 K′ に移ってもやはり成り立つので，これは当然のことである．

[3] (1) このエレベーター内の上下方向運動は，(7.12)の z 成分で，$a_{0z} = a_0$ と置くことによって与えられる．すなわち，

$$ma_z' = F_z - ma_0$$

ここで，F_z は物体にはたらく力であり．重力 $-mg$，およびはかりが物体を上向きに押す力 W である．すなわち，

$$F_z = -mg + W$$

である．したがって，エレベーター内の運動方程式は

$$ma_z' = -mg + W - ma_0$$

物体をはかりに乗せて，エレベーター内で静止させたとき，$a_z' = 0$ である．したがって，エレベーター内のはかりの目盛は

$$W = mg + ma_0 = m(g + a_0)$$

を指す．

(2) (1)の結果からわかるように，エレベーター内の人は物体を $m(g + a_0)$ の大きさの力で支えている．この大きさは一定なので，この物体を h だけ持ち上げるときの仕事は $m(g + a_0) \cdot h$ である．

[4] 自動車は x の正方向に走っていたとする．まず，ブレーキを踏んでいるときの加速度をおおざっぱに評価する．2秒間で時速 72 km が 0 km になったので，1秒当り時速 36 km だけ減速した．すなわち，加速度は $-36,000/3600 = -10 \ (\mathrm{m/s^2})$ である．(7.12)で $\boldsymbol{a}' = 0$, $\boldsymbol{a}_0 = (-10, 0, 0)$ と置くと，$m = 60$ (kg) として，車内で観察したときに人体にかかる力は

$$\boldsymbol{F} = (600, 0, -60 \times 9.8) \fallingdotseq (600, 0, 590) \quad (\mathrm{N})$$

である．足はこれに逆らう力を床から受ける．

車内でひもが向く方向は前方斜め下方であり，鉛直方向からの角度を θ とすると $\tan \theta = 10/9.8$ である．これから $\theta \fallingdotseq 46°$．

[5] 回転中心軸を z 軸として，水面の形が $z = z(r)$ で与えられるとする．軸からの距離が r である水面上の点で，水平面からの水面の傾きを θ とする．水面

の勾配 $\tan\theta$ は $z(r)$ の微分で与えられる．すなわち

$$\tan\theta = \frac{dz}{dr}$$

水面上の小さな水のかたまり（質量を m とする）にはたらく力のつり合いを考える．重力の大きさは mg，遠心力の大きさは $mr\omega^2$ であり，これら2つの力の合力が傾いた水面に垂直になる．図の直角三角形に着目すると，

$$\tan\theta = \frac{dz}{dr} = \frac{mr\omega^2}{mg} = \frac{r\omega^2}{g}$$

である．これは，$z(r)$ に対する微分方程式である．

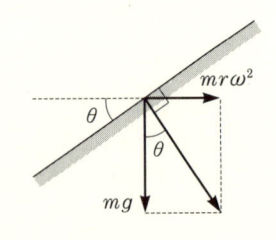

この方程式の解は，両辺をそのまま積分すれば次のように求めることができる．

$$z = \frac{\omega^2}{2g}r^2 + z_0$$

z_0 は積分定数であり，中心軸上の水面における z の値である．この水面の形は回転放物面とよばれる．

[6]（1）棒に固定した座標系で見れば，輪には遠心力 $mx\omega^2$ がはたらいている．棒と輪の間に摩擦がないことから，棒から受ける力は棒に垂直である．したがって，棒の方向の運動に関する方程式は，(7.18)で $F_x = 0$，$v_y = 0$ と置いて，

$$m\frac{d^2x}{dt^2} = mx\omega^2, \quad \text{これから} \quad \frac{d^2x}{dt^2} = \omega^2 x$$

（2）この方程式は $x = e^{pt}$ と置いて解くことができる（付録C参照）．これを方程式に代入すると，$de^{pt}/dt = pe^{pt}$ であるから，$p^2 e^{pt} = \omega^2 e^{pt}$ となる．これから $p = \pm\omega$ となり，$x = e^{\omega t}$ と $x = e^{-\omega t}$ の両方が解になる．この場合，それらに係数をつけて加えたものが一般解である．すなわち，

$$x = C_1 e^{\omega t} + C_2 e^{-\omega t}$$

速度は，

$$v = \frac{dx}{dt} = C_1 \omega e^{\omega t} - C_2 \omega e^{-\omega t}$$

初期条件，$t = 0$ で $x = a$，$v = 0$ から

$$a = C_1 + C_2, \qquad 0 = C_1 \omega - C_2 \omega$$

この連立方程式を解いて，

$$C_1 = C_2 = \frac{a}{2}$$

以上から，
$$x = \frac{a(e^{\omega t} + e^{-\omega t})}{2}$$
x の値は図に示すように，t とともに急激に増加する．

（3）(2)の中で導いた速度 v は，棒に固定した座標系で見れば，速度の x 成分であり，
$$v = v_x' = \frac{a\omega(e^{\omega t} - e^{-\omega t})}{2}$$
一方，y 成分は 0 であり，
$$v_y' = 0$$
これらの成分を(7.16)に代入すると，コリオリ力は
$$(0, -2mv_x'\omega) = (0, -ma\omega^2(e^{\omega t} - e^{-\omega t}))$$
である．この力は，棒の回転と逆の向きにはたらいているので，回転を弱めるはたらきがある．それにもかかわらず一定の角速度 ω で回転させるためには，棒に常に力のモーメントを加えていなければならない．

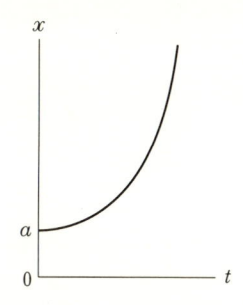

索引

ア

アインシュタイン 46, 145

イ

位相 19
位置エネルギー（ポテンシャルエネルギー） 99
　　重力の—— 100
　　バネの—— 101
　　万有引力の—— 101
位置ベクトル 4
一般解 34, 68, 81
一般相対論 46, 136
移動ベクトル 8

ウ

宇宙ステーション 151
宇宙速度 117
運動エネルギー 105
運動の第1法則（慣性の法則） 26, 41
運動の第2法則 26, 42
運動の第3法則（作用反作用の法則） 26, 43
運動法則 25
運動方程式 32
運動を求める 31
運動量 37

エ

n 階微分方程式 34
MKS 単位系 31
SI 単位系（国際単位系） 31
エーテル 145
エトヴェシュ 46
エネルギー 110
　　——保存則 109
円運動 21, 120
円座標 131
円錐振り子 120
円筒座標系 3
遠心力 152
鉛直 36

オ

音波 144

カ

解 32
外積（ベクトル積） 126
外力 51
回転座標系 155
角運動量 128
　　——保存則 129
角振動数 19
　　固有—— 68, 83
角速度 19, 21
核力 29

加速度 12
　　向心—— 22
滑降運動 35
ガリレイ 4, 45
　　——変換 142
慣性座標系 41, 147
慣性質量 45
慣性の法則（運動の第1法則） 26, 41
慣性力 148
緩和時間 60, 62, 77

キ

基準点 100
軌道 17
強制振動 82
　　減衰—— 85
強制力 82
共鳴（共振） 84, 86
近似解 78
近似式 78
近日点移動 136

ケ

経験事実 44
経路積分 94
撃力 39
ケプラーの法則 124
ケプラーの第2法則 130
ケプラーの第3法則

索引 189

121
減衰強制振動 85
減衰振動 76

コ

向心加速度 22
向心力 120
合成関数の微分 70, 105, 133
光速不変の原理 145
降伏値 67
抗力(垂直抗力) 51
国際単位系(SI単位系) 31
固有角振動数 68,83
コリオリ 153
　――力 153
ころがり摩擦 53

サ

3次元バネ 113
最大静止摩擦力 51
サスペンション 86
座標変換 142
作用 28
作用反作用の法則(運動の第3法則) 26,43

シ

時間 4
次元 30
仕事 92,94
仕事率(パワー) 98
自然長 65
質点 2

質量 25,42
質量エネルギー 115
周期 20,74
終端速度 61
重力加速度 32
重力質量 45
重力の位置エネルギー 100
重力場 94
初期位相 20
初速度 32
人工衛星 121
振動運動 19
振動周期 20
振動数 20
　角―― 19
振幅 19

ス

垂直抗力(抗力) 51
スカラー 4
　――積(内積) 6
スキー 56
ストークスの抵抗法則 57
スノーボード 56
スピードガン 16

セ

静止摩擦係数 51
静止摩擦力 50
　最大―― 51
静振 75
積分 10
線要素ベクトル 94

ソ

相対運動 140
相対性原理 145
速度 6
束縛運動 17

タ

楕円運動 123
単位系 30
　MKS―― 31
　SI――(国際――) 31
単位ベクトル 119
単振動 65
単振り子 73
弾性 65
弾性限界 67
弾性体 65

チ

力 26,44
　――の起源 29
　――のつり合い 44
　――のはたらき 40
　――のモーメント 125
地衡風平衡 156
中心力 119,129
直線座標系 2

テ

低気圧 156
デカルト 2
　――座標系 2

190　索引

電気力　29

ト

等加速度運動　17
同時刻の相対性　146
動摩擦係数　53
動摩擦力　52
特解　34, 83
特殊相対論　145

ナ

内積(スカラー積)　6
内部エネルギー　109

ニ

ニュートン　v, 25, 97

ネ

熱エネルギー　109
粘性　57
粘性抵抗　57, 76
粘性率　57

ハ

媒介変数　18
バネ　66, 97
　——定数　66
　——の位置エネルギ
　　ー　101
　3次元——　113
パラメーター振動　89
パワー(仕事率)　98
ハンマー投げ　131
速さ　9
反作用　28

半値幅　91
万有引力　29, 97, 132
　——定数　97
　——の位置エネルギ
　　ー　101

ヒ

微重力　151
微小振動　74
微分　7
微分方程式　32
　n階——　34
非保存力　103
表面エネルギー　103
表面張力　102
　——係数　102
比例限界　67

フ

復元力　65
フックの法則　66
プリンキピア　v
分子間力　29

ヘ

ベクトル　4
　位置——　4
　移動——　8
　線要素——　94
　単位——　119
ベクトル積(外積)　126
変数分離法　58, 61, 69
偏微分　113

ホ

保存力　103
ポテンシャルエネルギー
　(位置エネルギー)　99
　重力の——　100
　バネの——　101
　万有引力の——　101
ホドグラフ　17

マ

マイケルソン　145
摩擦振動　88

ミ

未定定数　34
ミリカンの実験　64

ム

無重量状態　150

メ

面積速度　124, 130

ヨ

弱い力　29

ラ

落下運動　16, 31, 60
ラーマー運動　122

リ

力学的エネルギー　69, 106
　——保存則　106

索引　191

力積　38

レ

レーダーガン　16

ロ

ローレンツ力　122

ワ

惑星軌道　132

著者略歴

1940年　広島県で生まれる
1969年　東京大学大学院理学系研究科博士課程修了
　　　　同年 理学博士
1969年　東京農工大学工学部専任講師
1970年　同助教授
1983年　同教授　2004年 定年退官
2004年　神戸芸術工科大学特任教授
2008年　神戸芸術工科大学特別教授
2015年　武蔵野美術大学非常勤講師（現在にいたる）

主な著書：「かたちの探究」（ダイヤモンド社），「スポーツの力学」，「かたちの不思議」，「楽しい数理実験」（以上，講談社），「流れの物理」，「形の数理」（以上，朝倉書店），「物理学―新世紀を生きる人達のために」（海游舎），「ベクトル解析」，岩波ジュニア新書「理科をアートしよう」（以上，岩波書店），ポピュラーサイエンスシリーズ「まぜこぜを科学する―乱流・カオス・フラクタル―」（裳華房），「かたちの事典」，「かたち・機能のデザイン事典」（以上，丸善）
Introduction to the Science of Forms：Inquiry of Scientific Ideas through Studies of Forms（Terrapub）

裳華房フィジックスライブラリー　**力　学（I）**

2001年 5 月30日　第 1 版発行
2020年 2 月15日　第 7 版1 刷発行

検印省略

定価はカバーに表示してあります．

著作者　　髙木隆司（たかき　りゅうじ）
発行者　　吉野和浩

発行所　　〒102-0081
　　　　　東京都千代田区四番町 8－1
　　　　　電　話　03－3262－9166
　　　　　株式会社　裳華房

印刷所　　横山印刷株式会社
製本所　　牧製本印刷株式会社

増刷表示について
2009年4月より「増刷」表示を『版』から『刷』に変更いたしました．詳しい表示基準は弊社ホームページ
www.shokabo.co.jp/
をご覧ください．

一般社団法人
自然科学書協会会員

JCOPY　〈出版者著作権管理機構 委託出版物〉
本書の無断複製は著作権法上での例外を除き禁じられています．複製される場合は，そのつど事前に，出版者著作権管理機構（電話03-5244-5088，FAX03-5244-5089，e-mail: info@jcopy.or.jp）の許諾を得てください．

ISBN 978-4-7853-2099-7

Ⓒ髙木隆司，2001　　Printed in Japan

本質から理解する 数学的手法

荒木　修・齋藤智彦 共著　Ａ５判／210頁／定価（本体2300円＋税）

大学理工系の初学年で学ぶ基礎数学について，「学ぶことにどんな意味があるのか」「何が重要か」「本質は何か」「何の役に立つのか」という問題意識を常に持って考えるためのヒントや解答を記した．話の流れを重視した「読み物」風のスタイルで，直感に訴えるような図や絵を多用した．

【主要目次】1. 基本の「き」　2. テイラー展開　3. 多変数・ベクトル関数の微分　4. 線積分・面積分・体積積分　5. ベクトル場の発散と回転　6. フーリエ級数・変換とラプラス変換　7. 微分方程式　8. 行列と線形代数　9. 群論の初歩

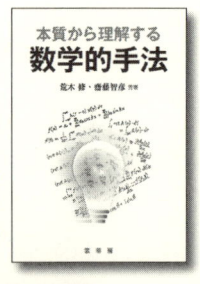

力学・電磁気学・熱力学のための 基礎数学

松下　貢 著　Ａ５判／242頁／定価（本体2400円＋税）

「力学」「電磁気学」「熱力学」に共通する道具としての数学を一冊にまとめ，豊富な問題と共に，直観的な理解を目指して懇切丁寧に解説．取り上げた題材には，通常の「物理数学」の書籍では省かれることの多い「微分」と「積分」，「行列と行列式」も含めた．

【主要目次】1. 微分　2. 積分　3. 微分方程式　4. 関数の微小変化と偏微分　5. ベクトルとその性質　6. スカラー場とベクトル場　7. ベクトル場の積分定理　8. 行列と行列式

大学初年級でマスターしたい 物理と工学の ベーシック数学

河辺哲次 著　Ａ５判／284頁／定価（本体2700円＋税）

手を動かして修得できるよう具体的な計算に取り組む問題を豊富に盛り込んだ．

【主要目次】1. 高等学校で学んだ数学の復習 −活用できるツールは何でも使おう−　2. ベクトル −現象をデッサンするツール−　3. 微分 −ローカルな変化をみる顕微鏡−　4. 積分 −グローバルな情報をみる望遠鏡−　5. 微分方程式 −数学モデルをつくるツール−　6. 2階常微分方程式 −振動現象を表現するツール−　7. 偏微分方程式 −時空現象を表現するツール−　8. 行列 −情報を整理・分析するツール−　9. ベクトル解析 −ベクトル場の現象を解析するツール−　10. フーリエ級数・フーリエ積分・フーリエ変換 −周期的な現象を分析するツール−

物理数学　［裳華房テキストシリーズ - 物理学］

松下　貢 著　Ａ５判／312頁／定価（本体3000円＋税）

数学的な厳密性にはあまりこだわらず，直観的にかつわかりやすく解説した．とくに学生が躓きやすい点は丁寧に説明し，豊富な例題と問題，各章末の演習問題によって各自の理解の進み具合が確かめられる．

【主要目次】Ⅰ. 常微分方程式（1階常微分方程式／定係数2階線形微分方程式／連立微分方程式）　Ⅱ. ベクトル解析（ベクトルの内積，外積，三重積／ベクトルの微分／ベクトル場）　Ⅲ. 複素関数論（複素関数／正則関数／複素積分）　Ⅳ. フーリエ解析（フーリエ解析）

裳華房ホームページ　https://www.shokabo.co.jp/

単 位 系

SI 基本単位

名 称	単位	定 義
長 さ	m（メートル）	光が真空中を 1/299792458 秒の間に進む距離
時 間	s（秒）	セシウム 133 原子の基底状態で，超微細準位の間の遷移に対応する光放射の周期の 9192631770 倍の時間
質 量	kg（キログラム）	国際度量衡委員会で保管しているキログラム原器を 1 kg とする
温 度	K（ケルビン）	水の 3 重点の熱力学温度の 1/273.16 倍
電 流	A（アンペア）	真空中で 1 m 離して置かれた無限に長い平行な電線に同じ強さで流したとき，1 m ごとに 2×10^7 N の力がはたらくような電流の強さ
物質量	mol（モル）	0.012 kg の ^{12}C の中に存在する原子と同数の原子や分子の量
光 度	cd（カンデラ）	540×10^{12} Hz の単色光を放射したとき，立体角 1 sr 当り 1/683 W（ワット）のエネルギーが流れるとき，光源のその方向の光度

力学関係の SI 組立単位

量	単位	他の単位との関係
振動数	Hz（ヘルツ）	s^{-1}
力	N（ニュートン）	m kg/s^2
圧力	Pa（パスカル）	N/m^2 = kg/(m s^2)
エネルギー	J（ジュール）	N m = m^2 kg/s^2
仕事率	W（ワット）	J/s = m^2 kg/s^3
粘性率	Pa s（パスカル秒）	N s/m^2 = kg/(m s)

SI 接頭語

T（テラ）	10^{12}	h（ヘクト）	10^{2}	n（ナノ）	10^{-9}
G（ギガ）	10^{9}	c（センチ）	10^{-2}	p（ピコ）	10^{-12}
M（メガ）	10^{6}	m（ミリ）	10^{-3}	f（フェムト）	10^{-15}
k（キロ）	10^{3}	μ（マイクロ）	10^{-6}		